i 教育·融合创新一体化教材　·挑战大学数学系列丛书

大学数学一课一练
高等数学（上）

郑华盛　程　筠 ◎ 编

ZHS00039075
刮开涂层，微信扫码
激活配套内容

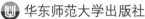
华东师范大学出版社

图书在版编目(CIP)数据

大学数学一课一练.高等数学.上/郑华盛,程筠编.—上海:华东师范大学出版社,2019
ISBN 978-7-5675-9682-5

Ⅰ.①大… Ⅱ.①郑… ②程… Ⅲ.①高等数学-高等学校-习题集 Ⅳ.①O13-44

中国版本图书馆 CIP 数据核字(2019)第 199188 号

大学数学一课一练——高等数学(上)

编　　者	郑华盛　程　筠
责任编辑	胡结梅
责任校对	时东明
装帧设计	俞　越

出版发行	华东师范大学出版社
社　　址	上海市中山北路3663号 邮编 200062
网　　址	www.ecnupress.com.cn
电　　话	021-60821666 行政传真 021-62572105
客服电话	021-62865537 门市(邮购)电话 021-62869887
地　　址	上海市中山北路3663号华东师范大学校内先锋路口
网　　店	http://hdsdcbs.tmall.com/
印 刷 者	上海景条印刷有限公司
开　　本	787×1092　16开
印　　张	10
字　　数	176千字
版　　次	2019年12月第1版
印　　次	2020年8月第2次
书　　号	ISBN 978-7-5675-9682-5
定　　价	38.00元

出版人　王　焰

(如发现本版图书有印订质量问题,请寄回本社客服中心调换或电话 021-62865537 联系)

前　言

　　为了让大学生能更好地学习高等数学、线性代数及概率论与数理统计这些大学数学课程,我们组建了一支由学科专家和具有丰富大学数学、考研数学教学与辅导经验的骨干教师构成的编写团队.编写团队依据大学数学课程教学大纲和全国硕士研究生入学统一考试数学(一)大纲的要求,按照学生的学习特点,本着帮助学生快速梳理和高效复习基本概念、基本原理及基本方法的宗旨,编写了《挑战大学数学系列丛书》(共四本),本书《大学数学一课一练——高等数学(上)》即为系列丛书之一.

　　高等数学(上)是面向各类高校工科和经管等很多专业的一年级学生开设的一门重要的必修基础课程.对该课程内容掌握的好坏直接影响其后续课程的学习,该课程的内容也是全国硕士研究生入学统一考试数学(一)、数学(二)、数学(三)必考的主要内容.

　　本书内容包括:函数与极限、导数与微分、微分中值定理与导数的应用、不定积分、定积分、定积分的应用、微分方程所含章节的内容梳理、必做题型及解题过程的讲解视频.

　　本书的结构主要包括三个部分:① 梳理了每一节的主要内容及其知识要点,包括基本概念、性质、方法、定理及相关重要结论,并对需要注意和易于混淆的问题给出了注记;② 精心设计了每一节的必做题型、每一章的测试题及两套针对全书内容的模拟测试题,如此形成了本书的主体知识架构,所选试题由浅入深、由易到难,供学生课后完成,以巩固所学知识;③ 精心录制了微课视频,每一节内容均配有微课,老师对每一节主要内容进行了梳理与解读,对每一道必做题型的解题思路进行了分析,并对书写解题过程进行了示范.

　　建议学生使用本书时,分三步进行:首先,复习每一节梳理主要内容部分的每一个知识点,独立思考必做题型中每一道题的解题思路和方法,并完成解题过程;其次,通过扫一书一码,注册(只是第一次使用时需注册)并激活微课视频,观看老师对每一道必做题的解题思路的分析、解题过程的表述及讲解,并将自己的解题过程与微课视频的讲解进行对照,纠错补漏;最后,独立思考并完成每一章的测试题和两套模拟测试题.如此,一定能快速提升自己的解题能力和信心,达到整个课程的较好的复习效果.

本书的最大亮点是:学生可以通过手机扫描书中的一书一码,在"i教育"App上免费观看微课.微课可以使学习不受时空限制,满足学生课前预习、课后复习以及自主学习的热忱.

本书适合学习高等数学(上)课程的学生作为课后复习、考前备考,也适合考研基础复习阶段的学生作为该课程的辅导用书.

学生在使用本书过程中,可根据学校教学大纲对所学专业的要求与考研所报考专业对数学类别的要求,对本书内容进行适当的取舍.

如有需要,可发邮件至邮箱 tiaozhandaxuemaths@163.com 向编写团队的老师咨询.

本书在出版过程中,得到了华东师范大学出版社的大力支持和帮助,在此表示衷心的感谢!限于作者的水平和时间,书中可能会有疏漏之处,恳请读者批评指正.

编　者

2019.08

目　录

第一章　函数与极限 ·· 1
第一节　函数的基本概念与性质 ·· 1
第二节　数列极限的基本概念与性质 ·· 6
第三节　函数的极限 ·· 9
第四节　无穷小与无穷大 ··· 12
第五节　无穷小的运算法则　极限运算法则 ·································· 14
第六节　极限存在准则　两个重要极限 ·· 16
第七节　无穷小的比较 ·· 18
第八节　函数的连续性与间断点 ··· 21
第九节　连续函数的运算与初等函数的连续性 ······························· 23
第十节　闭区间上连续函数的性质 ·· 26
测试题一 ·· 28

第二章　导数与微分 ··· 31
第一节　导数的概念 ··· 31
第二节　函数的求导法则 ··· 35
第三节　高阶导数的概念与求导法则 ·· 39
第四节　隐函数及由参数方程确定的函数的导数　相关变化率 ············ 42
第五节　函数的微分 ··· 45
测试题二 ·· 47

第三章　微分中值定理与导数的应用 ··· 51
第一节　微分中值定理 ·· 51
第二节　洛必达法则 ··· 57
第三节　函数的单调性 ·· 60
第四节　函数的极值与最值 ··· 62
第五节　曲线的凹凸性与拐点 ·· 66
第六节　函数图形的描绘 ··· 68

第七节　曲线的曲率 …………………………………………………… 70

　　测试题三 …………………………………………………………………… 72

第四章　不定积分 …………………………………………………………… 74

　　第一节　不定积分的概念与性质 ………………………………………… 74

　　第二节　第一类换元法（凑微分法）……………………………………… 77

　　第三节　第二类换元法 …………………………………………………… 80

　　第四节　分部积分法 ……………………………………………………… 82

　　第五节　有理函数的不定积分 …………………………………………… 84

　　测试题四 …………………………………………………………………… 87

第五章　定积分 ……………………………………………………………… 89

　　第一节　定积分的概念 …………………………………………………… 89

　　第二节　定积分的性质 …………………………………………………… 91

　　第三节　积分上限函数及其性质 ………………………………………… 93

　　第四节　牛顿-莱布尼茨公式 ……………………………………………… 95

　　第五节　定积分的换元积分法 …………………………………………… 97

　　第六节　定积分的分部积分法 …………………………………………… 99

　　第七节　反常积分 ………………………………………………………… 101

　　测试题五 …………………………………………………………………… 103

第六章　定积分的应用 ……………………………………………………… 105

　　第一节　定积分的元素法 ………………………………………………… 105

　　第二节　定积分在几何上的应用——平面图形的面积 ……………… 106

　　第三节　定积分在几何上的应用——体积 …………………………… 109

　　第四节　定积分在几何上的应用——平面曲线的弧长 ……………… 111

　　第五节　定积分在物理上的应用 ………………………………………… 113

　　测试题六 …………………………………………………………………… 115

第七章　微分方程 …………………………………………………………… 118

　　第一节　微分方程的基本概念 …………………………………………… 118

　　第二节　可分离变量的微分方程 ………………………………………… 120

　　第三节　齐次方程 ………………………………………………………… 122

第四节　一阶线性微分方程 …………………………………………………… 124

　　第五节　可降阶的高阶微分方程 ……………………………………………… 127

　　第六节　高阶线性微分方程解的结构 ………………………………………… 129

　　第七节　高阶常系数线性齐次微分方程 ……………………………………… 131

　　第八节　二阶常系数线性非齐次微分方程 …………………………………… 133

　　第九节　欧拉方程 ……………………………………………………………… 135

　　测试题七 ………………………………………………………………………… 136

高等数学(上)模拟测试题(一) ……………………………………………………… 138

高等数学(上)模拟测试题(二) ……………………………………………………… 141

必做题型及测试题答案(含讲解解题过程的视频) …………………………………… 144

第一章 函数与极限

第一节 函数的基本概念与性质

一、梳理主要内容

1. **映射**：$f: X \rightarrow Y$（X、Y 是两个非空集合）．

2. **函数**：$f: D \rightarrow \mathbf{R}$，$D$ 为数集，$\mathbf{R}$ 为实数集．函数只与定义域及对应法则 f 有关，而与自变量用什么字母无关．如 $y = f(x)$、$s = f(t)$、$u = f(v)$ 表示的是同一个函数．

3. **反函数**：$y = f^{-1}(x)$ 和 $x = f^{-1}(y)$ 都记为 $y = f(x)$ 的反函数．

4. **复合函数**：函数 $y = f(u)$ 与 $u = g(x)$ 可以构成复合函数 $y = f[g(x)]$，其前提条件是 $u = g(x)$ 的值域与 $y = f(u)$ 的定义域的交集是非空的．

5. **分段函数**：在自变量的不同变化范围，用不同的解析表达式表示的函数．常见的分段函数有符号函数、取整函数等．

6. **基本初等函数**：是指幂函数、指数函数、对数函数、三角函数和反三角函数．需熟练掌握基本初等函数的定义域、值域、图形及特性．

7. **初等函数**：是指由常数和基本初等函数经过有限次四则运算和有限次复合运算所构成的，并能用一个解析式表示的函数．

8. **简单函数**：是指由常数和基本初等函数经过有限次四则运算所构成的函数．

9. **函数的特性**：单调性、有界性、奇偶性、周期性．

10. **邻域**：点 a 的 δ 邻域 $U(a,\delta) = \{x \mid |x-a| < \delta\}$，即区间 $(a-\delta, a+\delta)$；点 a 的去心 δ 邻域 $\mathring{U}(a,\delta) = \{x \mid 0 < |x-a| < \delta\}$，即区间 $(a-\delta, a) \cup (a, a+\delta)$．

    注：$U(a)$ 表示点 a 的某邻域，$\mathring{U}(a)$ 表示点 a 的某去心邻域．

11. **补充**：

    （1）正割函数 $\sec x = \dfrac{1}{\cos x}$，余割函数 $\csc x = \dfrac{1}{\sin x}$；

    （2）双曲正弦函数 $\operatorname{sh} x = \dfrac{e^x - e^{-x}}{2}$，双曲余弦函数 $\operatorname{ch} x = \dfrac{e^x + e^{-x}}{2}$；

    （3）分段函数一般不是初等函数，特殊的函数 $y = \begin{cases} x, & x \geq 0, \\ -x, & x < 0 \end{cases} = \sqrt{x^2}$ 除外；

    （4）反三角函数的定义域、值域、图形及特性，如表 1-1 所示．

表1-1

函数及其定义域、值域	图象	特性
$y = \arcsin x$ 定义域:$[-1, 1]$ 值域:$\left[-\dfrac{\pi}{2}, \dfrac{\pi}{2}\right]$		奇函数 单调增加 有界
$y = \arccos x$ 定义域:$[-1, 1]$ 值域:$[0, \pi]$		单调减少 有界
$y = \arctan x$ 定义域:$(-\infty, +\infty)$ 值域:$\left(-\dfrac{\pi}{2}, \dfrac{\pi}{2}\right)$		奇函数 单调增加 有界
$y = \operatorname{arccot} x$ 定义域:$(-\infty, +\infty)$ 值域:$(0, \pi)$		单调减少 有界

二、必做题型

1. 函数 $y = \sqrt{5-x} + 10^{\frac{1}{x}}$ 的定义域是( ).

    (A) $(-\infty, 5]$ (B) $(-\infty, 0) \cup (0, 5]$

    (C) $(-\infty, 0) \cup (0, +\infty)$ (D) $(0, 5]$

2. 函数 $y = \cos \dfrac{x}{2}$ 的周期是( ).

    (A) π (B) 4π (C) 5π (D) 6π

3. 函数 $f(x) = \dfrac{1}{3} e^{2x+1}$ 是( ).

    (A) 奇函数   (B) 偶函数   (C) 有界函数   (D) 单调增函数

4. 函数 $y = x\sin x + \cos 2x + 1$ 是( ).

   (A) 奇函数　　　　(B) 偶函数　　　　(C) 周期函数　　　　(D) 非奇非偶函数

5. 设函数 $f(x)$ 是定义在 $(-l, l)$ 上的任意函数 $(l>0)$，令 $\phi(x) = \dfrac{f(x) - f(-x)}{2}$，则函数 $\phi(x)$ 为( ).

   (A) 偶函数　　　　(B) 奇函数　　　　(C) 常数　　　　(D) 非奇非偶函数

6. 下列函数中，属于非初等函数的是( ).

   (A) $y = \begin{cases} -1, & x \geq 0, \\ 3, & x < 0 \end{cases}$　　　　(B) $y = x^x$

   (C) $y = \cos\sqrt{x^2 - 1}$　　　　(D) $y = \ln(\sec x + \tan x)$

7. 函数 $f(x) = 3 + \log_2 x$ $(x \geq 1)$ 的反函数 $f^{-1}(x) =$ _____，反函数的定义域是_____，值域是_____.

8. 两个偶函数之积是_____函数；两个奇函数之积是_____函数；一个偶函数与一个奇函数之积是_____函数.

9. (1) 设点 (a, b) 在函数 $y = f(x)$ 的图形上，则点_____一定在函数 $y = f(-x)$ 的图形上，点_____一定在函数 $y = -f(x)$ 的图形上.

   (2) 设函数 $y = f(x)$ 为奇函数，点 $(-6, -1)$ 在函数 $y = f(x)$ 的图形上，那么点_____一定也在函数 $y = f(x)$ 的图形上.

10. 设函数 $y = f(x)$，其图形如图所示. $f(x)$ 的定义域是_____，值域是_____，单调减少区间是_____，单调增加区间是_____，在点 $x =$ _____处函数值最大，这个最大值是_____，这个函数具有奇偶性吗？_____（回答"有"或"无"）.

    第 10 题图

11. 函数 $f(x) = \begin{cases} x^2 + 1, & x \leq 0, \\ 5^x, & x > 0 \end{cases}$ 的反函数是_____.

12. (1) 函数 $y = f(x) = x^2 + 1$ 与 $s = f(t) = t^2 + 1$ 是两个相同的函数吗？

    (2) 函数 $y = \log_2(x-1)^2$ 与 $y = 2\log_2(x-1)$ 是两个相同的函数吗？

13. 设函数 $y = f(x)$ 在区间 $[0, a]$ 上是单调增加函数,其中 $a>0$.

    (1) 如果 $f(x)$ 还是奇函数,那么它在 $[-a, 0]$ 上是单调增加函数还是单调减少函数?

    (2) 如果 $f(x)$ 还是偶函数,那么它在 $[-a, 0]$ 上是单调增加函数还是单调减少函数?

14. 设函数 $f(x) = \ln(x + \sqrt{1 + x^2})$,讨论 $f(x)$ 的奇偶性.

15. 指出下列复合函数是由哪些简单函数复合而成的:

    (1) $y = \arcsin\sqrt[3]{x^2 - 1}$;　　　　(2) $y = \ln[\ln^2(\ln^3 x)]$.

16. 设 $f(x)$ 的定义域为 $[0, 1]$,求下列函数的定义域:

    (1) $f(1-x)$;

    (2) $f(\sin x)$;

    (3) $f(x + a) + f(x - a)$,其中 $a > 0$.

17. 设函数 $f(x) = 1 - \dfrac{1}{x^2}$，$g(x) = \sqrt{1 + \sin x}$. 求：

(1) 函数 $f[g(x)]$ 以及函数值 $f[g(0)]$ 和 $f\left[g\left(\dfrac{\pi}{2}\right)\right]$；

(2) 函数 $f[f(x)]$ 和函数值 $f[f(2)]$.

18. 设函数 $f(x) = \begin{cases} 2, & x \leqslant 0, \\ x^2, & x > 0, \end{cases}$ $g(x) = \begin{cases} -x^2, & x \leqslant 0, \\ x^3, & x > 0, \end{cases}$ 求复合函数 $f[g(x)]$ 和 $g[f(x)]$，并确定其定义域.

19. 一扇窗户上面部分是半圆形，其余部分是矩形. 已知窗户的周长是 9 m，试把窗户的面积 A 表示为宽 x 的函数.

第二节　数列极限的基本概念与性质

一、梳理主要内容

1. **数列的概念**：无穷数列；单调增加数列；单调减少数列；有界数列；无界数列；递推数列；收敛数列；发散数列.

2. **数列极限的概念**：

   (1) "ε-N"定义：$\lim\limits_{n\to\infty}x_n=a \Leftrightarrow \forall \varepsilon>0, \exists N\in \mathbf{N}_+$，当$n>N$时，恒有$|x_n-a|<\varepsilon$；

   (2) 数列极限的几何意义.

3. **收敛数列的性质**：唯一性；有界性；保号性.

4. **注记**：

   (1) 关于数列极限"ε-N"定义的说明.

   ① ε是任意给定的正数，ε具有两重性：任意性（只有这样，不等式$|x_n-a|<\varepsilon$才能描述x_n无限接近于a）；相对固定性（ε一旦给定，它就是一个固定的数）.

   ② 若ε是任意给定的正数，则$c\varepsilon$（c是正常数），$\sqrt{\varepsilon}$，ε^2，…也都是任意给定的正数，它们与ε形式不同，而任意性的本质相同.

   ③ N是正整数，在ε给定之后，可由$|x_n-a|<\varepsilon$确定. 对于不同的ε会有不同的N.

   ④ 对给定的ε，对应的N不是唯一的. 一般地，当$n>N$时，能使$|x_n-a|<\varepsilon$成立，则当$n>N_1(N_1>N)$时，$|x_n-a|<\varepsilon$一定成立.

   ⑤ N必须满足使$n>N$后的一切项x_n，均有$|x_n-a|<\varepsilon$.

   (2) 性质"收敛数列必为有界数列"，即说明数列有界是数列收敛的必要条件，也说明数列收敛是数列有界的充分条件.

   (3) 命题有四种：原命题，否命题，逆命题，逆否命题. 一般地，原命题与逆否命题、逆命题与否命题同为真或同为假；原命题与逆命题不一定同为真. 例如，已知原命题（收敛数列必为有界数列）为真，则其逆否命题（无界数列必为发散数列）也为真. 但逆命题（有界数列必为收敛数列）不为真；否命题（发散数列必为无界数列）不为真.

   (4) 要证明命题不成立，可以用举一个反例的方法来说明. 但不能用举特殊例子的方法来说明命题是成立的.

5. **重要结论**：

   (1) 若$\lim\limits_{n\to\infty}x_n=a$，则$\forall k\in\mathbf{N}_+$，有$\lim\limits_{n\to\infty}x_{n+k}=a$.

(2) $\lim\limits_{n\to\infty}x_n = a \Leftrightarrow \lim\limits_{k\to\infty}x_{2k-1} = \lim\limits_{k\to\infty}x_{2k} = a$；$\lim\limits_{n\to\infty}x_n = a \Leftrightarrow \lim\limits_{k\to\infty}x_{3k} = \lim\limits_{k\to\infty}x_{3k+1} = \lim\limits_{k\to\infty}x_{3k+2} = a.$

(3) 设数列 $\{a_n\}$ 有界，$\lim\limits_{n\to\infty}b_n = 0$，则 $\lim\limits_{n\to\infty}a_n b_n = 0.$

(4) 若 $\lim\limits_{n\to\infty}x_n = a$，则 $\lim\limits_{n\to\infty}|x_n| = |a|$；反之，不一定成立. 但 $a = 0$ 时反之就一定成立，即有 $\lim\limits_{n\to\infty}|x_n| = 0 \Leftrightarrow \lim\limits_{n\to\infty}x_n = 0.$

(5) $\lim\limits_{n\to\infty}x_n = a \Leftrightarrow \lim\limits_{k\to\infty}x_{n_k} = a, \forall \{x_{n_k}\} \subset \{x_n\}.$

(6) 若数列 $\{x_n\}$ 单调，则 $\lim\limits_{n\to\infty}x_n = a \Leftrightarrow$ 存在数列 $\{x_n\}$ 的一个子列 $\{x_{n_k}\}$，使得 $\lim\limits_{n\to\infty}x_{n_k} = a.$

二、必做题型

1. 写出数列极限 $\lim\limits_{n\to\infty}x_n = a$ 的"$\varepsilon\text{-}N$"定义，并用此定义证明：$\lim\limits_{n\to\infty}0.\underbrace{99\cdots9}_{n\text{个}} = 1.$

2. 判断下列说法的正确性：

（如果正确，请说明理由；如果不正确，请举出反例说明）

(1) 对于任意给定的正数 ε，数列 $\{a_n\}$ 中有无穷多项 a_n 满足不等式 $|a_n - a| < \varepsilon$，则 $\lim\limits_{n\to\infty}a_n = a$；

(2) $\{(-1)^n\}$ 的极限为 1 或 -1；

(3) 收敛数列必有界；

(4) 无界数列必发散；

(5) 有界数列必收敛；

(6) 发散数列必无界；

(7) 若数列 $\{a_n b_n\}$ 收敛，则 $\{a_n\}$ 和 $\{b_n\}$ 或者同时收敛，或者同时发散.

3. 设数列 $\{a_n\}$ 有界，$\lim\limits_{n\to\infty} b_n = 0$，证明：$\lim\limits_{n\to\infty} a_n b_n = 0$。并由此求极限 $\lim\limits_{n\to\infty} \dfrac{(-1)^n}{n^2}$。

4. 设 $\lim\limits_{n\to\infty} x_n = a$，证明：$\lim\limits_{n\to\infty} |x_n| = |a|$。反之不一定成立（举例说明：数列 $\{|x_n|\}$ 有极限，但数列 $\{x_n\}$ 没有极限）。

5. 填空题：

（若存在极限，则写出其极限；若不存在极限，则写上"不存在"）

(1) $\lim\limits_{n\to\infty} 5 = $ _____；   (2) $\lim\limits_{n\to\infty} \dfrac{1}{3^n} = $ _____；

(3) $\lim\limits_{n\to\infty} \dfrac{1}{n^2} = $ _____；   (4) $\lim\limits_{n\to\infty} \dfrac{1}{\sqrt{n}} = $ _____；

(5) $|q| < 1$，$\lim\limits_{n\to\infty} q^n = $ _____；   (6) $\lim\limits_{n\to\infty} \dfrac{n}{n+1} = $ _____；

(7) $\lim\limits_{n\to\infty} \dfrac{n+(-1)^{n-1}}{n} = $ _____；   (8) $\lim\limits_{n\to\infty} \left(2 + \dfrac{1}{n}\right) = $ _____。

第三节 函数的极限

一、梳理主要内容

1. 自变量趋于无穷大时函数极限的"$\varepsilon\text{-}X$"定义：$\lim\limits_{x\to+\infty}f(x)=A$；$\lim\limits_{x\to-\infty}f(x)=A$；$\lim\limits_{x\to\infty}f(x)=A$.

2. 自变量趋于有限值时函数极限的"$\varepsilon\text{-}\delta$"定义：$\lim\limits_{x\to x_0^+}f(x)=A$；$\lim\limits_{x\to x_0^-}f(x)=A$；$\lim\limits_{x\to x_0}f(x)=A$.

3. 左极限、右极限与极限的关系：$\lim\limits_{x\to\infty}f(x)=A\Leftrightarrow\lim\limits_{x\to+\infty}f(x)=\lim\limits_{x\to-\infty}f(x)=A$；

    $\lim\limits_{x\to x_0}f(x)=A\Leftrightarrow\lim\limits_{x\to x_0^+}f(x)=\lim\limits_{x\to x_0^-}f(x)=A$.

4. 六种自变量变化过程极限的几何意义.

5. 函数极限的性质：极限的唯一性；局部有界性；局部保号性.

6. 函数极限与数列极限的关系(海涅定理)：$\lim\limits_{x\to x_0}f(x)=A\Leftrightarrow$ 对任意数列 $\{x_n\}$，$x_n\neq x_0$，且 $\lim\limits_{n\to\infty}x_n=x_0$，有 $\lim\limits_{n\to\infty}f(x_n)=A$.

7. 注记：

    (1) 如果 $\lim\limits_{x\to+\infty}f(x)=A$ 或 $\lim\limits_{x\to-\infty}f(x)=A$ 或 $\lim\limits_{x\to\infty}f(x)=A$，那么直线 $y=A$ 是函数 $y=f(x)$ 图形的水平渐近线.

    (2) 函数 $f(x)$ 在 $\mathring{U}(x_0,\delta)$ 内有界，用数学语言可表述为：$\exists M>0$，当 $x\in\mathring{U}(x_0,\delta)$ 时，有 $|f(x)|\leqslant M$；函数 $f(x)$ 在 $\mathring{U}(x_0,\delta)$ 内无界，用数学语言可表述为：对于任意的 $M>0$，总存在 $x_1\in\mathring{U}(x_0,\delta)$，有 $|f(x_1)|>M$.

    例如，证明：函数 $f(x)=x\cos x$ 在 $(-\infty,+\infty)$ 内无界.

    证明 对于任意的实数 $M>0$，如果取 $x_1=2([M]+1)\pi\in(-\infty,+\infty)$，则 $|f(x_1)|=2([M]+1)\pi>M$，故函数 $f(x)=x\cos x$ 在 $(-\infty,+\infty)$ 内无界.

    (3) 函数极限的局部保号性：

    ① 若 $\lim\limits_{x\to\infty}f(x)=A$，$A>0$(或 $A<0$)，则存在正数 X，使得当 $|x|>X$ 时，都有 $f(x)>0$(或 $f(x)<0$).

    ② 若 $\lim\limits_{x\to x_0}f(x)=A$，$A>0$(或 $A<0$)，则存在正数 δ，使得当 $0<|x-x_0|<\delta$ 时，都有 $f(x)>0$(或 $f(x)<0$).

    请自行写出 $\lim\limits_{x\to+\infty}f(x)$，$\lim\limits_{x\to-\infty}f(x)$，$\lim\limits_{x\to x_0^+}f(x)$，$\lim\limits_{x\to x_0^-}f(x)$ 局部保号性的结论.

二、必做题型

1. 判断下列说法的正确性：

（如果正确,请说明理由;如果不正确,请举出反例说明）

(1) 如果 $f(x)$ 在 $x=a$ 无定义,那么 $\lim\limits_{x\to a}f(x)$ 不存在;

(2) 如果 $f(x)$ 在 $x=a$ 有定义,那么 $\lim\limits_{x\to a}f(x)$ 存在;

(3) 如果 $f(a)=3$,那么 $\lim\limits_{x\to a}f(x)=3$;

(4) 如果 $\lim\limits_{x\to a}f(x)=3$,那么 $f(a)=3$;

(5) 如果 $f(x)>0$,那么 $\lim\limits_{x\to a}f(x)>0$;

(6) 如果 $f(x)>g(x)$,那么 $\lim\limits_{x\to a}f(x)>\lim\limits_{x\to a}g(x)$.

2. 设函数 $f(x)=\begin{cases}ax^2, & x\leq 1,\\ 2x+1, & x>1,\end{cases}$ 且 $\lim\limits_{x\to 1}f(x)$ 存在,则常数 $a=$ _____.

3. 讨论函数 $y=\arctan x$ 当 $x\to\infty$ 时的极限.

4. 讨论函数 $f(x)=\begin{cases}x+1, & x<0,\\ x^2, & 0\leq x\leq 1,\\ 1, & x>1,\end{cases}$ 分别当 $x\to 0$、$x\to 1$、$x\to -1$ 时的极限.

5. 求下列极限:

(1) $\lim\limits_{x\to 0} 2^x$;

(2) $\lim\limits_{x\to 4} \sqrt{x}$;

(3) $\lim\limits_{x\to +\infty} e^{-x}$;

(4) $\lim\limits_{x\to \infty} \left(1+\dfrac{1}{x^2}\right)$;

(5) $\lim\limits_{n\to \infty} (-1)^{n-1} \dfrac{5^n}{6^n}$;

(6) $\lim\limits_{x\to \infty} \dfrac{\sin x}{x}$.

6. 利用海涅定理证明: $f(x) = \sin\dfrac{1}{x}$ 当 $x\to 0$ 时的极限不存在.

第四节　无穷小与无穷大

一、梳理主要内容

以下约定：同一叙述中出现的 lim 表示自变量的变化过程是相同的.

1. **无穷小**：极限为 0 的变量. 注：任何很小的常数(常数 0 除外)都不是无穷小.
2. **无穷小与函数极限的关系**：$\lim f(x) = A \Leftrightarrow f(x) = A + \alpha$，其中 $\lim \alpha = 0$，A 为常数.
3. **无穷大**：函数的绝对值无限增大的变量. 记为 $\lim f(x) = \infty$. 注：无穷大 ∞ 不能看作常数，它只代表一种变化趋势.
4. **无穷大与无界的关系**：无穷大量一定是无界量，但无界量不一定是无穷大量.
5. **无穷小与无穷大的关系**：无穷大的倒数一定是无穷小；无穷小(常数 0 除外)的倒数一定是无穷大.
6. **注记**：

    (1) 函数极限为无穷大与函数极限为常数的区别：$f(x)$ 当 $x \to x_0$ 时极限为常数 A，表示当 $x \to x_0$ 时，$f(x)$ 的极限是存在的，且等于常数 A；而 $f(x)$ 当 $x \to x_0$ 时为无穷大，表示 $f(x)$ 当 $x \to x_0$ 时的极限是不存在的，它是极限不存在的一种形式.

    (2) 设函数 $y = f(x)$，x_0 为定值，如果 $\lim\limits_{x \to x_0^+} f(x) = \infty (+\infty\ 或\ -\infty)$ 或 $\lim\limits_{x \to x_0^-} f(x) = \infty (+\infty\ 或\ -\infty)$，那么称直线 $x = x_0$ 是函数 $y = f(x)$ 图形的铅直渐近线.

    (3) "$f(x)$ 当 $x \to x_0$ 时为无穷大"，用数学语言可表述为：对于任意 $M > 0$(不论 M 多么大)，总存在 $\delta > 0$，当 $x \in \mathring{U}(x_0, \delta)$ 时，有 $|f(x)| > M$.

    "$f(x)$ 当 $x \to x_0$ 时不为无穷大"，用数学语言可表述为：存在 $M > 0$，对于任意 $\delta > 0$，总存在某个 $\mathring{U}(x_0, \delta)$ 中的点 $\bar{x}$，有 $|f(\bar{x})| \leqslant M$.

    "函数 $f(x)$ 在 $\mathring{U}(x_0, \delta)$ 内无界"，用数学语言可表述为：对于任意的 $M > 0$，总存在 $x_1 \in \mathring{U}(x_0, \delta)$，有 $|f(x_1)| > M$.

    (4) 由(3)可知，无穷大量一定是无界量，但无界量不一定是无穷大量. 例如，函数 $f(x) = x\cos x$ 在 $(-\infty, +\infty)$ 内无界，但当 $x \to +\infty$ 时 $f(x)$ 不是无穷大量. 事实上，对于任意正数 M，取 $x_1 = 2([M]+1)\pi$，则 $|f(x_1)| = 2([M]+1)\pi > M$，于是函数 $f(x) = x\cos x$ 在 $(-\infty, +\infty)$ 内无界. 但取 $x_2 = \dfrac{(2n+1)\pi}{2}$，$f(x_2) = 0$，故当 $x \to +\infty$ 时 $f(x)$ 不是无穷大量.

7. **函数为无穷大的相关结论**：

    (1) 若 $\lim f(x) = A > 0$，$\lim g(x) = \pm\infty$，则 $\lim [f(x)g(x)] = \pm\infty$.

(2) 若 $\lim f(x) = A \neq 0, \lim g(x) = \infty$，则 $\lim[f(x)g(x)] = \infty$.

(3) 若 $\lim f(x) = A, \lim g(x) = \pm\infty$，则 $\lim[f(x) + g(x)] = \pm\infty$.

(4) 若 $\lim f(x) = +\infty, \lim g(x) = +\infty$，则 $\lim[f(x) + g(x)] = +\infty$.

(5) 若 $f(x) \leq g(x), \lim f(x) = +\infty$，则 $\lim g(x) = +\infty$.

(6) 若 $\lim f(x) = +\infty$，则 $\lim[-f(x)] = -\infty$.

二、必做题型

1. 判断下列说法的正确性：

   (如果正确,请说明理由;如果不正确,请举出反例说明)

   (1) 无穷小是一个很小的数；

   (2) 0 是无穷小；

   (3) $\dfrac{1}{x}$ 是无穷小；

   (4) $\dfrac{1}{x}$ 是无穷大；

   (5) 无穷大量与有界量的和仍为无穷大量；

   (6) 两个无穷大量的和与差仍为无穷大量；

   (7) 有界量除以无穷小量必为无穷大量；

   (8) 有界量除以无穷大量必为无穷小量；

   (9) 无穷大量与无穷小量的乘积仍为无穷大量.

2. 指出下列函数在自变量 x 如何变化时,函数 $f(x)$ 为无穷小和无穷大,并指出函数 $f(x)$ 的图形的水平渐近线和铅直渐近线：

   (1) $f(x) = 3x + 1$；

   (2) $f(x) = \log_{\frac{1}{10}} x$；

   (3) $f(x) = \dfrac{1}{x-2}$；

   (4) $f(x) = e^{\frac{1}{x}}$.

第五节 无穷小的运算法则 极限运算法则

一、梳理主要内容

1. **无穷小的运算法则**：有限个无穷小的和是无穷小；有界函数与无穷小的乘积是无穷小；常数与无穷小的乘积是无穷小；有限个无穷小的乘积是无穷小.

2. **函数极限的四则运算法则**：设 $\lim f(x)$ 与 $\lim g(x)$ 都存在，则

   (1) $\lim[f(x) \pm g(x)] = \lim f(x) \pm \lim g(x)$；(可推广到有限个函数的情形)

   (2) $\lim[f(x)g(x)] = \lim f(x) \cdot \lim g(x)$，(可推广到有限个函数的情形)

   特别地，$\lim[Cf(x)] = C\lim f(x)$，$\lim[f(x)]^n = [\lim f(x)]^n$；$(n \in \mathbf{N}_+)$

   (3) $\lim \dfrac{f(x)}{g(x)} = \dfrac{\lim f(x)}{\lim g(x)}$. $(\lim g(x) \neq 0)$

3. **复合函数的极限运算法则**：设函数 $y = f[g(x)]$ 是由函数 $y = f(u)$ 与函数 $u = g(x)$ 复合而成，$y = f[g(x)]$ 在 $U(x_0)$ 内有定义，$\lim\limits_{x \to x_0} g(x) = u_0$，$\lim\limits_{u \to u_0} f(u) = A$，且存在 $\delta_0 > 0$，当 $x \in \overset{\circ}{U}(x_0, \delta_0)$ 时 $g(x) \neq u_0$，则 $\lim\limits_{x \to x_0} f[g(x)] = \lim\limits_{u \to u_0} f(u) = A$. (可用变量代换求极限)

   注：将 u_0 改为 ∞ 也成立：$\lim\limits_{x \to x_0} g(x) = \infty$，又 $\lim\limits_{u \to \infty} f(u) = A$，有 $\lim\limits_{x \to x_0} f[g(x)] = \lim\limits_{u \to \infty} f(u) = A$.

4. **注记**：

   (1) 无穷小的运算法则和极限四则运算法则对数列也成立.

   (2) 函数极限的四则运算法则有两个前提条件：函数是有限个；每个函数的极限都存在.

   (3) 无限个无穷小量的和与积不一定是无穷小量.

5. **重要结论**：设 $\lim f(x)$ 存在且不为零，则 $\lim[f(x)g(x)]$ 与 $\lim g(x)$ 同时存在或不存在. 常用到的结论是：若 $\lim f(x) = c (c \neq 0)$，且 $\lim g(x)$ 存在，则 $\lim[f(x)g(x)] = c[\lim g(x)]$.

二、必做题型

1. 判断下列说法的正确性：

   (如果正确，请说明理由；如果不正确，请举出反例说明)

   (1) 如果 $\lim f(x)$ 存在，$\lim g(x)$ 不存在，那么 $\lim[f(x) \pm g(x)]$ 不存在；

   (2) 如果 $\lim f(x)$ 存在且不为零，$\lim g(x)$ 不存在，那么 $\lim[f(x)g(x)]$ 不存在；

   (3) 如果 $\lim[f(x)g(x)]$ 存在，那么 $\lim f(x)$ 与 $\lim g(x)$ 同时存在或同时不存在；

   (4) 能直接用"函数和的极限等于极限的和"求极限 $\lim\limits_{n \to \infty} \left(\dfrac{1}{n^2} + \dfrac{2}{n^2} + \cdots + \dfrac{n}{n^2} \right)$.

2. 求下列极限：

(1) $\lim\limits_{x\to 1}\dfrac{x-1}{\sqrt{x}-1}$；

(2) $\lim\limits_{x\to\infty}\dfrac{4x^2-3x+9}{5x^2+2x-1}$；

(3) $\lim\limits_{x\to 3}\sqrt{\dfrac{x-3}{x^2-9}}$；

(4) $\lim\limits_{x\to 0}x\sin\dfrac{1}{x}$；

(5) $\lim\limits_{x\to\infty}\dfrac{\arctan x}{x}$；

(6) $\lim\limits_{x\to 1}\left(\dfrac{3}{1-x^3}-\dfrac{1}{1-x}\right)$；

(7) $\lim\limits_{x\to\infty}\dfrac{(2x-3)^{20}(3x+2)^{30}}{(2x+1)^{50}}$；

(8) $\lim\limits_{n\to\infty}\left(\dfrac{1}{n^2}+\dfrac{2}{n^2}+\cdots+\dfrac{n}{n^2}\right)$.

3. 已知下列极限，求常数 a、b：

(1) $\lim\limits_{x\to\infty}\left(\dfrac{x^2}{x+1}-ax-b\right)=0$；

(2) $\lim\limits_{x\to 2}\dfrac{x^2+ax+b}{x^2-x-2}=4$.

第六节 极限存在准则 两个重要极限

一、梳理主要内容

1. 函数极限存在的夹逼准则：设 $g(x) \leqslant f(x) \leqslant h(x)$，且 $\lim g(x) = \lim h(x) = A$，则 $\lim f(x) = A$.

2. 数列极限存在的夹逼准则：设 $\exists N \in \mathbf{N}_+$，当 $n > N$ 时，$b_n \leqslant a_n \leqslant c_n$，且 $\lim\limits_{n \to \infty} b_n = \lim\limits_{n \to \infty} c_n = a$，则 $\lim\limits_{n \to \infty} a_n = a$.

3. 单调有界数列必有极限：单调增加且有上界的数列必有极限；单调减少且有下界的数列必有极限.

4. 两个重要极限：

   (1) $\lim\limits_{x \to 0} \dfrac{\sin x}{x} = 1 \xrightarrow{\text{变量代换}} \lim\limits_{\Delta \to 0} \dfrac{\sin \Delta}{\Delta} = 1$.（$\Delta$ 代表相同的解析式，下同）

   (2) $\lim\limits_{x \to \infty} \left(1 + \dfrac{1}{x}\right)^x = e \xrightarrow{\text{变量代换}} \lim\limits_{\Delta \to \infty} \left(1 + \dfrac{1}{\Delta}\right)^\Delta = e$ 或 $\lim\limits_{\Delta \to 0}(1 + \Delta)^{\frac{1}{\Delta}} = e$.

二、必做题型

1. 填空题：

   (1) $\lim\limits_{x \to \infty} \dfrac{\sin x}{x} = $ \underline{\qquad}；

   (2) $\lim\limits_{x \to \infty} x\sin\dfrac{1}{x} = $ \underline{\qquad}；

   (3) $\lim\limits_{x \to 0} x\sin\dfrac{1}{x} = $ \underline{\qquad}；

   (4) $\lim\limits_{n \to \infty} \left(1 - \dfrac{1}{n}\right)^n = $ \underline{\qquad}；

   (5) $\lim\limits_{n \to \infty} \dfrac{\sin n}{n} = $ \underline{\qquad}；

   (6) $\lim\limits_{x \to \infty} \left(1 - \dfrac{1}{x}\right)^x = $ \underline{\qquad}；

   (7) $\lim\limits_{x \to \infty} \left(\dfrac{x}{1+x}\right)^{x+5} = $ \underline{\qquad}.

2. 求下列极限：

   (1) $\lim\limits_{x \to \infty} \left(1 + \dfrac{2}{3x}\right)^{2x}$；

   (2) $\lim\limits_{x \to 0} \dfrac{\arcsin x}{x}$；

(3) $\lim\limits_{x\to 0}\dfrac{1-\cos x}{x^2}$;

(4) $\lim\limits_{x\to 0}\dfrac{\sin(\sin x)}{x}$;

(5) $\lim\limits_{x\to 0}\dfrac{\sin 3x}{\tan 2x}$;

(6) $\lim\limits_{x\to 0}\dfrac{\tan x-\sin x}{x^3}$;

(7) $\lim\limits_{x\to 0}(1+\tan x)^{\cot x}$;

(8) $\lim\limits_{n\to\infty}\left[\dfrac{1}{n^2}+\dfrac{1}{(n+1)^2}+\cdots+\dfrac{1}{(2n)^2}\right]$;

(9) $\lim\limits_{n\to\infty}\left(\dfrac{1}{\sqrt{n^2+1}}+\dfrac{1}{\sqrt{n^2+2}}+\cdots+\dfrac{1}{\sqrt{n^2+n}}\right)$.

3. 证明：数列 $\sqrt{2}$, $\sqrt{2+\sqrt{2}}$, $\sqrt{2+\sqrt{2+\sqrt{2}}}$, $\cdots$ 的极限存在，并求此极限.

第七节　无穷小的比较

一、梳理主要内容

以下的 $\lim\alpha$、$\lim\beta$、$\lim\dfrac{\beta}{\alpha}$ 都是指同一个自变量变化过程,且 $\lim\alpha = 0$,$\lim\beta = 0$.

1. 定义:

    (1) 如果 $\lim\dfrac{\beta}{\alpha} = 0$,则称 β 是比 α 高阶的无穷小,记作 $\beta = o(\alpha)$;

    (2) 如果 $\lim\dfrac{\beta}{\alpha} = \infty$,则称 β 是比 α 低阶的无穷小;

    (3) 如果 $\lim\dfrac{\beta}{\alpha} = c(c \neq 0)$,则称 β 是与 α 同阶的无穷小;

    (4) 如果 $\lim\dfrac{\beta}{\alpha} = 1$,则称 β 是与 α 等价的无穷小,记作 $\beta \sim \alpha$;

    (5) 如果 $\lim\dfrac{\beta}{\alpha^k} = c(c \neq 0,\text{实常数 } k > 0)$,则称 β 是关于 α 的 k 阶的无穷小.

2. 等价无穷小的替换定理:

    (1) 设 $\alpha \sim \beta$,则 $\alpha - \beta = o(\alpha) = o(\beta)$;

    (2) 设 $\alpha \sim \alpha'$,$\beta \sim \beta'$,且 $\lim\dfrac{\beta'}{\alpha'}$ 存在,则 $\lim\dfrac{\beta}{\alpha} = \lim\dfrac{\beta'}{\alpha'}$;

    (3) 设 $\alpha \sim \alpha'$,$\beta \sim \beta'$,且 $\lim\alpha'\beta'$ 存在,则 $\lim\alpha\beta = \lim\alpha'\beta'$;特别地,$\lim\alpha\beta = \lim\alpha\beta'$;

    (4) 设 $\alpha \sim \beta$,且 $\phi(x)$ 有界或极限存在,则 $\lim\alpha\phi(x) = \lim\beta\phi(x)$.

3. 常用的等价无穷小:

    当 $x \to 0$ 时,$(1+x)^k - 1 \sim kx$;(k 为实常数)

    $1 - \cos x \sim \dfrac{1}{2}x^2$;$x \sim \sin x \sim \arcsin x \sim \tan x \sim \arctan x \sim \ln(1+x) \sim e^x - 1$.

4. 注记:

    (1) 并非任意两个无穷小都可以比较阶的大小. 如,当 $x \to 0$ 时,$x\sin\dfrac{1}{x} \to 0$,$x^2 \to 0$,而

    $$\lim_{x \to 0}\dfrac{x\sin\dfrac{1}{x}}{x^2} = \lim_{x \to 0}\dfrac{1}{x}\sin\dfrac{1}{x} \text{ 与 } \lim_{x \to 0}\dfrac{x^2}{x\sin\dfrac{1}{x}} \text{ 都不存在}.$$

(2) 常用高阶无穷小的运算：$o(x^m) \pm o(x^n) = o(x^m)$ $(m \leq n)$；$o(x^m) \cdot o(x^n) = o(x^{m+n})$；$x^m \cdot o(x^n) = o(x^{m+n})$；$k \cdot o(x^n) = o(x^n)$. ($k$ 为常数)

(3) 设 $\alpha \sim \beta, \beta \sim \gamma$，则 $\alpha \sim \alpha; \beta \sim \alpha; \alpha \sim \gamma$.

(4) 设 $\beta = o(\alpha)$，则 $\alpha \pm \beta \sim \alpha$. 由此结论求 $\lim\limits_{x \to 0} \dfrac{\sin x}{x^3 + 2x}$ 更简单.

(5) 等价无穷小的代换可用于函数乘、除运算中乘积因子的整体代换，而不能简单用于函数加、减运算中加减项代换. 但在特定的条件下可以用：设 $\alpha \sim \alpha', \beta \sim \beta', \lim\dfrac{\beta}{\alpha}$ 存在且不等于 1，则 $\alpha - \beta \sim \alpha' - \beta'$. 由此结论求 $\lim\limits_{x \to 0} \dfrac{\tan 2x - \sin x}{1 - \cos\sqrt{x}}$ 更简单.

二、必做题型

1. 判断下列说法的正确性：

（如果正确，请说明理由；如果不正确，请举出反例说明）

(1) 两个无穷小的比值仍是无穷小；

(2) $o(x^k) - o(x^k) = 0$. (k 为正整数)

2. 当 $x \to 0$ 时，$\arcsin(\sqrt{4 + x^2} - 2)$ 是 x 的几阶无穷小？

3. 求下列极限：

(1) $\lim\limits_{x \to 0} \dfrac{\sin x - \tan x}{x^2 \arctan x}$;

(2) $\lim\limits_{x \to 0^+} \dfrac{1 - \cos\sqrt{x}}{x(1 + \cos\sqrt{x})}$;

(3) $\lim\limits_{x \to 0} \dfrac{\sin(x^n)}{(\arcsin x)^m}$. （$m$、$n$ 为正整数）

4. 设 $\lim\limits_{x \to 0} \dfrac{\sqrt{1 + f(x)\sin 2x} - 1}{e^{3x} - 1} = 2$，求 $\lim\limits_{x \to 0} f(x)$.

第八节 函数的连续性与间断点

一、梳理主要内容

1. 函数 $f(x)$ 在点 x_0 连续的三个等价定义:

   (1) $\lim\limits_{x \to x_0} f(x) = f(x_0)$.

   (2) $\lim\limits_{\Delta x \to 0} [f(x_0 + \Delta x) - f(x_0)] = 0$.

   (3) $f(x_0^-) = f(x_0) = f(x_0^+)$.

2. 函数 $f(x)$ 在点 x_0 连续必须满足的三个条件.

3. 函数 $f(x)$ 在点 x_0 左连续、右连续的定义.

4. 函数 $y = f(x)$ 在点 x_0 连续的几何意义:曲线 $y = f(x)$ 在点 $(x_0, f(x_0))$ 不断开.

5. 函数 $f(x)$ 在点 x_0 连续的相关结论:

   (1) 函数 $f(x)$ 在点 x_0 连续 $\Leftrightarrow \lim\limits_{x \to x_0^-} f(x) = f(x_0) = \lim\limits_{x \to x_0^+} f(x)$.

   (2) 函数 $f(x)$ 在点 x_0 连续 $\Leftrightarrow$ 对于任意一个以 x_0 为极限的数列 $\{x_n\}$,其对应的函数列 $\{f(x_n)\}$ 的极限都存在,且都等于 $f(x_0)$.

   (3) 函数 $f(x)$ 在点 x_0 连续,则 $\exists \delta > 0$,使 $y = f(x)$ 在 $(x_0 - \delta, x_0 + \delta)$ 内有界.

   (4) 函数 $f(x)$ 在点 x_0 连续,且 $f(x_0) > 0$,则 $\exists \delta > 0$,使 $y = f(x)$ 在 $(x_0 - \delta, x_0 + \delta)$ 内恒有 $f(x) > 0$.

6. 函数在区间上连续的概念:

   (1) 若函数 $y = f(x)$ 在 (a, b) 内的每一点连续,则称函数 $y = f(x)$ 在 (a, b) 内连续;

   (2) 若函数 $y = f(x)$ 在 (a, b) 内的每一点连续,且在左端点 $x = a$ 右连续,在右端点 $x = b$ 左连续,则称函数 $y = f(x)$ 在 $[a, b]$ 上连续.

7. 函数 $y = f(x)$ 的间断点:函数 $y = f(x)$ 的不连续点.

8. **间断点的分类**:第一类间断点、第二类间断点. 且第一类间断点是指 $f(x_0^-)$ 与 $f(x_0^+)$ 都存在的间断点(分为可去间断点和跳跃间断点);第二类间断点是指 $f(x_0^-)$ 与 $f(x_0^+)$ 至少有一个不存在的间断点(包括无穷间断点和振荡间断点:如 $y = \tan x$ 在点 $x = \dfrac{\pi}{2}$ 处;$y = \sin\dfrac{1}{x}$ 在点 $x = 0$ 处).

9. 注记:

   (1) 仅在定义域内一点连续,但在其他点都不连续的函数. 如,

$$f(x)=\begin{cases} x, & x\text{ 取有理数}, \\ 0, & x\text{ 取无理数} \end{cases}\text{仅在点 }x=0\text{ 连续}.$$

（2）在定义域内任意一点都不连续的函数. 如：$f(x)=\sqrt{\sin x - 1}$.

（3）在定义域内处处连续的函数. 如：$\sin x$、$\cos x$.

二、必做题型

1. 判断下列说法的正确性：

    （如果正确，请说明理由；如果不正确，请举出反例说明）

    （1）如果函数 $f(x)$ 在点 x_0 连续，那么 $|f(x)|$ 也在点 x_0 连续；

    （2）如果函数 $|f(x)|$ 在点 x_0 连续，那么 $f(x)$ 也在点 x_0 连续.

2. 设函数 $f(x)=\begin{cases} x\sin\dfrac{1}{x}, & x<0, \\ a+x^2, & x\geqslant 0 \end{cases}$ 在点 $x=0$ 连续，求常数 a.

3. 求函数 $f(x)=\dfrac{x^2-1}{x^2-3x+2}$ 的间断点，并判断间断点的类型.

4. 求函数 $f(x)=\dfrac{1}{1-e^{\frac{x}{1-x}}}$ 的间断点，并判断间断点的类型.

第九节　连续函数的运算与初等函数的连续性

一、梳理主要内容

1. **连续函数的四则运算**：设函数$f(x)$和$g(x)$在点x_0连续,则函数$f(x)\pm g(x)$, $f(x)\cdot g(x)$及$\dfrac{f(x)}{g(x)}$(当$g(x_0)\neq 0$时)在点x_0连续.

2. **反函数的连续性**：如果函数$y=f(x)$在区间I_x上单调增加(或单调减少)且连续,那么它的反函数$x=f^{-1}(y)$也在对应的区间$I_y=\{y\mid y=f(x), x\in I_x\}$上单调增加(或单调减少)且连续.($y=f(x)$与$x=f^{-1}(y)$中的$x$、$y$分别相同)

3. **复合函数的连续性**：

   (1) 设函数$y=f[g(x)]$是由函数$y=f(u)$与$u=g(x)$复合而成,$y=f[g(x)]$在$U(x_0)$内有定义,若$\lim\limits_{x\to x_0}g(x)=u_0$,且函数$y=f(u)$在点$u=u_0$连续,则$\lim\limits_{x\to x_0}f[g(x)]=\lim\limits_{u\to u_0}f(u)=f(u_0)=f[\lim\limits_{x\to x_0}g(x)]$. ($\lim\limits_{x\to x_0}f[g(x)]=f[\lim\limits_{x\to x_0}g(x)]$表示函数运算与极限运算可交换次序)

   (2) 设函数$y=f[g(x)]$是由函数$y=f(u)$与$u=g(x)$复合而成,$y=f[g(x)]$在$U(x_0)$内有定义,若函数$u=g(x)$在点$x=x_0$连续,且$g(x_0)=u_0$,又函数$y=f(u)$在点$u=u_0$连续,则复合函数$y=f[g(x)]$在点$x=x_0$也连续.

4. **初等函数的连续性**：

   (1) 基本初等函数在其定义域内连续；

   (2) 一切初等函数在其定义区间内连续.(定义区间是指包含在定义域内的区间)

5. **重要结论**：

   (1) 可以利用连续性的结论求基本初等函数及初等函数的极限.

   (2) 设$\lim u(x)=A>0$, $\lim v(x)=B$(B为常数),则$\lim[u(x)]^{v(x)}=A^B$.

   (3) 设$\lim u(x)=1$, $\lim v(x)=\infty$,则

   $$\lim[u(x)]^{v(x)}=\lim\{1+[u(x)-1]\}^{\frac{1}{u(x)-1}\cdot[u(x)-1]v(x)}=e^{\lim v(x)[u(x)-1]},$$

   或$\lim[u(x)]^{v(x)}=\lim e^{v(x)\ln u(x)}=e^{\lim v(x)\ln\{1+[u(x)-1]\}}=e^{\lim v(x)[u(x)-1]}$.

二、必做题型

1. 求下列极限：(α 为实常数，$\alpha>0$，$\alpha \neq 1$)

   (1) $\lim\limits_{x \to 0} \dfrac{\ln(1 + \alpha x)}{x}$；

   (2) $\lim\limits_{x \to 0} \dfrac{\alpha^x - 1}{x}$；

   (3) $\lim\limits_{x \to 0} \dfrac{(1 + x)^\alpha - 1}{x}$.

2. 判断下列说法的正确性：

   （如果正确，请说明理由；如果不正确，请举出反例说明）

   (1) 若 $f(x)$ 在点 x_0 连续，$g(x)$ 在点 x_0 不连续，则 $f(x) + g(x)$ 在点 x_0 不连续；

   (2) 若 $f(x)$ 在点 x_0 不连续，$g(x)$ 在点 x_0 不连续，则 $f(x)+g(x)$ 在点 x_0 不连续；

   (3) 若 $f(x)$ 在点 x_0 连续，则 $f^2(x)$ 在点 x_0 连续；

   (4) 若 $f^2(x)$ 在点 x_0 连续，则 $f(x)$ 在点 x_0 连续；

   (5) 若 $f(x)$ 在 $[a,b]$ 上不连续，则 $f(x)$ 在 $[a,b]$ 上无界；

   (6) 一切初等函数在其定义域内连续.

3. 求下列极限：

   (1) $\lim\limits_{x \to \frac{\pi}{2}} (\sin x)^{\tan x}$；

   (2) $\lim\limits_{x \to \infty} e^{\frac{1}{x}}$；

(3) $\lim\limits_{x\to 0}\cos\sqrt{e^x-1}$;

(4) $\lim\limits_{x\to 1}\dfrac{x^x-1}{x\ln x}$.

4. 求函数 $f(x) = \dfrac{1}{x}\ln\sqrt{4-x^2}$ 的连续区间.

5. 设函数 $f(x) = \begin{cases} x^2, & x \leqslant 1, \\ 2-x, & x > 1, \end{cases}$ $g(x) = \begin{cases} x, & x \leqslant 1, \\ x+4, & x > 1, \end{cases}$ 讨论复合函数 $f[g(x)]$ 的连续性.

第十节 闭区间上连续函数的性质

一、梳理主要内容

1. **最大值最小值定理**：设函数 $f(x)$ 在 $[a,b]$ 上连续，则 $f(x)$ 在 $[a,b]$ 上必能取得它的最大值与最小值，即：至少存在一点 $\xi_1 \in [a,b]$，使 $f(\xi_1) = \max\limits_{x \in [a,b]} f(x)$；又至少存在一点 $\xi_2 \in [a,b]$，使 $f(\xi_2) = \min\limits_{x \in [a,b]} f(x)$.

2. **有界性定理**：设函数 $f(x)$ 在 $[a,b]$ 上连续，则 $f(x)$ 在 $[a,b]$ 上有界.

3. **介值定理**：设函数 $f(x)$ 在 $[a,b]$ 上连续，则 $f(x)$ 在 $[a,b]$ 上可取 $f(a)$ 与 $f(b)$ 之间的任何值，即：对于介于 $f(a)$ 与 $f(b)$ 之间的任意实数 μ，至少存在一点 $\xi \in [a,b]$，使 $f(\xi) = \mu$.

   注：介值定理不限于 $f(a)$ 与 $f(b)$ 之间的任何值. 如果 $f(x)$ 在 $[a,b]$ 上连续，记 $m = \min\limits_{x \in [a,b]} f(x)$，$M = \max\limits_{x \in [a,b]} f(x)$，则对任意 $\mu \in [m,M]$，至少存在一点 $\xi \in [a,b]$，使 $f(\xi) = \mu$.

4. **零点定理**：设函数 $f(x)$ 在 $[a,b]$ 上连续，且 $f(a)f(b) < 0$，则至少存在一点 $\xi \in (a,b)$，使 $f(\xi) = 0$. 即：方程 $f(x) = 0$ 在 (a,b) 内至少有一个实根.

   注：零点定理可推广到开区间和无穷区间. 如果区间为开区间 (a,b)，只需记 $f(a) = \lim\limits_{x \to a^+} f(x)$，$f(b) = \lim\limits_{x \to b^-} f(x)$；如果区间为无穷区间，当 $a = -\infty$ 时，只需记 $f(a) = \lim\limits_{x \to -\infty} f(x)$；当 $b = +\infty$ 时，记 $f(b) = \lim\limits_{x \to +\infty} f(x)$，那么零点定理仍然成立.

二、必做题型

1. 任给一张面积为 A 的纸片，能否一刀剪将它剪为面积相等的两片？为什么？

2. 证明：方程 $x = e^{x-3} + 1$ 至少有一个不超过 4 的正根.

3. 设函数 $f(x)$ 在 $[a,b]$ 上连续，证明：若 $a < x_1 < x_2 < \cdots < x_k < b$，$k$ 为某一正整数，则在 $[a, b]$ 上至少存在一点 c，使得 $f(c) = \dfrac{1}{k} \sum_{i=1}^{k} f(x_i)$.

4. 设函数 $f(x)$ 在 $[0,2a]$ 上连续 $(a > 0)$，$f(0) = f(2a)$，证明：在 $[0, a]$ 上至少存在一点 ξ，使得 $f(\xi) = f(\xi + a)$.

5. 证明：方程 $x^3 + ax^2 + bx + c = 0$ 必有实根.（a、b、c 为实常数）

第一章 函数与极限 测试题

1. 填空题:(每小空 2 分,共 8 分)

   (1) 设函数 $f(x) = \begin{cases} \dfrac{1-e^{\tan x}}{\arcsin \dfrac{x}{2}}, & x > 0, \\ ae^{2x}, & x \leq 0. \end{cases}$ 在 $(-\infty, +\infty)$ 内连续,则常数 $a = $ _____ .

   (2) 当 $x \to 0$ 时,函数 $x^4 + \sin^2 2x$ 是 x^α 的同阶无穷小,则常数 $\alpha = $ _____ .

   (3) 曲线 $y = e^{\frac{x}{1-x}}$ 的水平渐近线为 _____ ,铅直渐近线为 _____ .

2. 求下列极限:(每小题 6 分,共 30 分)

   (1) $\lim\limits_{n \to \infty} (\sqrt{n^2+1} - n)$;

   (2) $\lim\limits_{n \to \infty} (2^n + 3^n + 5^n)^{\frac{1}{n}}$;

   (3) $\lim\limits_{x \to \infty} \left(\dfrac{3+x}{6+x} \right)^{\frac{x-1}{2}}$;

   (4) $\lim\limits_{x \to 0} (1-3x)^{\frac{1}{\sin x}}$;

   (5) $\lim\limits_{x \to 0} \left(\dfrac{2 + e^{\frac{1}{x}}}{1 + e^{\frac{4}{x}}} + \dfrac{\sin x}{|x|} \right)$.

3. 讨论下列函数的连续性:(每小题 5 分,共 10 分)

(1) $f(x) = \begin{cases} x \cdot \arctan \dfrac{1}{x}, & x \neq 0, \\ 0, & x = 0; \end{cases}$
(2) $f(x) = \begin{cases} \dfrac{1}{1 + e^{\frac{1}{x}}}, & x \neq 0, \\ 0, & x = 0. \end{cases}$

4. 指出下列函数的间断点,并判断其类型:(每小题 6 分,共 12 分)

(1) $f(x) = \dfrac{\tan x}{x}$;
(2) $f(x) = \begin{cases} e^{\frac{1}{x-1}}, & x > 0, \\ \ln(1 + x), & -1 < x \leq 0. \end{cases}$

5. 设函数 $f(x) = \begin{cases} \dfrac{\sin x}{x}, & x < 0, \\ a, & x = 0, \\ \dfrac{b(\sqrt{1 + x} - 1)}{x}, & x > 0 \end{cases}$ 在点 $x = 0$ 连续,求常数 a、b. (10 分)

6. 设 $\lim\limits_{x \to +\infty} (\sqrt{x^2 - x + 1} - ax - b) = 0$,求常数 a、b.（10分）

7. 设 $x_1 = 10$, $x_{n+1} = \sqrt{6 + x_n}$ $(n = 1, 2, \cdots)$,证明数列 $\{x_n\}$ 收敛,并求 $\lim\limits_{n \to \infty} x_n$.（10分）

8. 证明：方程 $x = \cos x$ 在 $\left(0, \dfrac{\pi}{2}\right)$ 内至少有一个实根.（10分）

第二章 导数与微分

第一节 导数的概念

一、梳理主要内容

1. 引例：由变速直线运动的瞬时速度问题和平面曲线上一点处切线的斜率问题.

2. 函数 $f(x)$ 在点 x_0 处可导：$\lim\limits_{\Delta x \to 0} \dfrac{f(x_0 + \Delta x) - f(x_0)}{\Delta x}$ 存在，记为 $f'(x_0)$. （也称 $f(x)$ 在点 x_0 具有导数或导数存在）

3. 函数 $f(x)$ 在点 x_0 处的导数定义的几种等价形式：$f'(x_0) = \lim\limits_{\Delta x \to 0} \dfrac{\Delta y}{\Delta x} =$
$\lim\limits_{\Delta x \to 0} \dfrac{f(x_0 + \Delta x) - f(x_0)}{\Delta x} = \lim\limits_{x \to x_0} \dfrac{f(x) - f(x_0)}{x - x_0} = \lim\limits_{h \to 0} \dfrac{f(x_0 + h) - f(x_0)}{h} = \lim\limits_{t \to x_0} \dfrac{f(t) - f(x_0)}{t - x_0}$.

4. 函数 $y = f(x)$ 点 x_0 处的导数的记号：$\left.\dfrac{dy}{dx}\right|_{x=x_0}$；$f'(x_0)$；$\left.y'\right|_{x=x_0}$；$\left.\dfrac{df(x)}{dx}\right|_{x=x_0}$.

5. 函数 $f(x)$ 在点 x_0 处的右导数 $f'_+(x_0)$ 及左导数 $f'_-(x_0)$ 的定义.

6. 函数 $f(x)$ 在点 x_0 处可导的充分必要条件：$f'(x_0) = A \Leftrightarrow f'_-(x_0) = f'_+(x_0) = A$.

7. 相关概念：$f(x)$ 在开区间 (a, b) 内可导的定义；$f(x)$ 在闭区间 $[a, b]$ 上可导的定义；导函数 $f'(x)$ 的定义；导函数 $f'(x)$ 与导数 $f'(x_0)$ 的区别和联系.

8. 导数的几何意义.

9. 曲线 $y = f(x)$ 在点 $P(x_0, y_0)$ 处的切线方程和法线方程.

10. 重要结论：

    (1) 若函数 $f(x)$ 在点 x_0 处可导，则曲线 $y = f(x)$ 在点 $P(x_0, y_0)$ 处的切线存在.

    (2) 若函数 $f(x)$ 在点 x_0 处不可导，则曲线 $y = f(x)$ 在点 $P(x_0, y_0)$ 处的切线可能存在也可能不存在. 如，函数 $f(x) = \sqrt[3]{x}$ 在点 $x = 0$ 处不可导，$f'(0) = +\infty$，但曲线 $y = \sqrt[3]{x}$ 在原点 $O(0, 0)$ 有垂直于 x 轴的切线 $x = 0$；函数 $f(x) = |x|$ 在点 $x = 0$ 处不可导，曲线 $y = |x|$ 在原点 $O(0, 0)$ 不存在切线.

    (3) 判断 $f(x)$ 在点 x_0 处可导的方法：不连续一定不可导；直接用导数定义；看左右导数是否存在且相等.（要判断分段函数在分段点是否可导，一定要用可导的充分必要条件或导数的定义）

    (4) 函数在一点连续与可导的关系：可导一定连续，但连续不一定可导.

（5）熟记常用的导数公式：

① $(c)' = 0$；(c 为常数) ② $(x^\mu)' = \mu x^{\mu-1}$；(μ 为常数)

③ $(\sin x)' = \cos x$； ④ $(\cos x)' = -\sin x$；

⑤ $(a^x)' = a^x \ln a$，$(e^x)' = e^x$； ⑥ $(\log_a x)' = \dfrac{1}{x\ln a}$，$(\ln x)' = \dfrac{1}{x}$.

（6）定义域内仅在一点可导的函数：$f(x) = \begin{cases} x^2, & x \text{ 取有理数} \\ 0, & x \text{ 取无理数} \end{cases}$ 仅在点 $x = 0$ 处可导.

二、必做题型

1. 判断下列说法的正确性：

   （如果正确，请说明理由；如果不正确，请举出反例说明）

   （1）设 $f'(x_0)$ 存在，则导数 $f'(x_0)$ 与导数 $[f(x_0)]'$ 是相等的.

   （2）若曲线 $y = f(x)$ 在点 $P(x_0, y_0)$ 处的切线存在，则函数 $f(x)$ 在点 x_0 处可导.

2. 填空题：

   （1）设 $f'(x_0)$ 存在，则 $\lim\limits_{h \to 0} \dfrac{f(x_0 - h) - f(x_0)}{h} = $ _____.

   （2）设 $f(0) = 0$，$f'(0) = k$，则 $\lim\limits_{x \to 0} \dfrac{f(x)}{x} = $ _____.

   （3）设 $f'(1)$ 存在，且 $\lim\limits_{x \to 0} \dfrac{f(1) - f(1-x)}{2x} = -1$，则 $f'(1) = $ _____.

3. 设函数 $f(x) = \begin{cases} e^x, & x \leqslant 2 \\ ax + b, & x > 2 \end{cases}$，在点 $x = 2$ 处可导，求常数 a、b.

4. 求函数 $f(x) = x + (x-1)\arcsin\sqrt{\dfrac{x}{x+1}}$ 在点 $x = 1$ 处的导数.

5. 求函数 $f(x) = \begin{cases} \sin x, & x < 0, \\ x^2, & x \geq 0 \end{cases}$ 的导数.

6. 求曲线 $y = x^2$ 在点 $P(2, 4)$ 处的切线方程与法线方程.

7. 设曲线 $y = f(x)$ 与正弦曲线 $y = \sin x$ 在原点处相切（两曲线在原点有共同的切线），证明：$\lim\limits_{n \to \infty} \sqrt[3]{nf\left(\dfrac{3}{n}\right)} = \sqrt[3]{3}$.

8. 设函数 $f(x)$ 在 $(-\infty, +\infty)$ 内有定义，$f(x)$ 在点 $x = 0$ 处可导，且 $f'(0) = k$，又对任意 $x_1、x_2 \in (-\infty, +\infty)$，有 $f(x_1 + x_2) = f(x_1)f(x_2)$，证明：$f(x)$ 在 $(-\infty, +\infty)$ 内可导，且 $f'(x) = kf(x)$.

9. 设 $\delta > 0$，$f(x)$ 在 $(-\delta, \delta)$ 内满足 $|f(x)| \leq x^2$，证明：$f(x)$ 在点 $x = 0$ 处可导，并求 $f'(0)$.

第二节　函数的求导法则

一、梳理主要内容

1. **函数四则运算的求导法则**：若函数 $f(x)$、$g(x)$ 在点 x 可导，则

   $[f(x) \pm g(x)]' = f'(x) \pm g'(x)$；

   $[f(x) \cdot g(x)]' = f'(x)g(x) + f(x)g'(x)$，$[Cf(x)]' = Cf'(x)$（$C$ 为常数）；

   （和、差、积的求导法则可推广到有限个可导函数的情形）

   当 $g(x) \neq 0$ 时，$\left[\dfrac{f(x)}{g(x)}\right]' = \dfrac{f'(x)g(x) - f(x)g'(x)}{[g(x)]^2}$，特别地，$\left[\dfrac{1}{g(x)}\right]' = -\dfrac{g'(x)}{[g(x)]^2}$。

2. **反函数的求导法则**：设函数 $y = f(x)$ 为函数 $x = f^{-1}(y)$ 的反函数，$f^{-1}(y)$ 在 y 的某邻域内单调可导，且 $[f^{-1}(y)]' \neq 0$，则

   $f'(x) = \dfrac{1}{[f^{-1}(y)]'}$ 或 $\dfrac{dy}{dx} = \dfrac{1}{\dfrac{dx}{dy}}$。（注意：$y = f(x)$ 与 $x = f^{-1}(y)$ 中的 x、y 分别是相同的）

3. **复合函数的求导法则（链式法则）**：如果函数 $u = g(x)$ 在点 x 处可导，而 $y = f(u)$ 在点 $u = g(x)$ 处可导，则复合函数 $y = f[g(x)]$ 在点 x 处可导，且 $\{f[g(x)]\}' = f'(u) \cdot g'(x)$ 或 $y'_x = y'_u \cdot u'_x$ 或 $\dfrac{dy}{dx} = \dfrac{dy}{du} \cdot \dfrac{du}{dx}$。

   注：设函数 $y = f(u)$，$u = g(v)$，$v = h(x)$ 复合成函数 $y = f\{g[h(x)]\}$，且 $\dfrac{dy}{du}$、$\dfrac{du}{dv}$、$\dfrac{dv}{dx}$ 都存在，则 $\dfrac{dy}{dx} = \dfrac{dy}{du} \cdot \dfrac{du}{dv} \cdot \dfrac{dv}{dx}$（"由外往里，逐层求导"，可推广到多个情形）。

4. **注记**：

   （1）熟记常用的导数公式：

   ① $(\tan x)' = \sec^2 x$；　　　　　　② $(\cot x)' = -\csc^2 x$；

   ③ $(\sec x)' = \sec x \tan x$；　　　　④ $(\csc x)' = -\csc x \cot x$；

   ⑤ $(\arcsin x)' = \dfrac{1}{\sqrt{1-x^2}}$；　　⑥ $(\arccos x)' = -\dfrac{1}{\sqrt{1-x^2}}$；

   ⑦ $(\arctan x)' = \dfrac{1}{1+x^2}$；　　　⑧ $(\text{arccot}\, x)' = -\dfrac{1}{1+x^2}$。

   （2）求函数在一点的导数之前一定要先考虑函数在这点是否可导，再区分函数的类型（分段函数还是初等函数或抽象函数）和结构（复合还是和、差、积、商），最后根据定义或求导公式和法则，求其导数。

(3) 正确使用导数记号：$f'[f(x)]$ 表示最外层的 f 求导时，把中括号内的 $f(x)$ 看作整体，而 $\{f[f(x)]\}'$ 则表示 $f[f(x)]$ 对 x 求导．

二、必做题型

1. 判断下列说法的正确性：

   （如果正确，请说明理由；如果不正确，请举出反例说明）

   (1) 设函数 $f(x)$ 在点 x_0 处可导，$g(x)$ 在点 x_0 处不可导，则 $f(x)+g(x)$ 在点 x_0 处不可导．

   (2) 设函数 $f(x)$ 在点 x_0 处可导，$g(x)$ 在点 x_0 处不可导，则 $f(x)g(x)$ 在点 x_0 处不可导．

   (3) 设函数 $f(x)$、$g(x)$ 在点 x_0 处不可导，则 $f(x)+g(x)$ 在点 x_0 处不可导．

   (4) 设函数 $f(x)+g(x)$ 在点 x_0 处可导，则函数 $f(x)$、$g(x)$ 在点 x_0 处可导．

2. 设函数 $f(x)=x(x-1)(x-2)\cdots(x-99)$，求 $f'(0)$．

3. 求下列函数的导数 y'：

(1) $y = x\arcsin\dfrac{1}{\sqrt{x}} + \cos(\ln x)$；

(2) $y = \sqrt{x + \sqrt{x + \sqrt{x}}}$；

(3) $y = 2^{\tan\frac{1}{x}}$；

(4) $y = \ln\dfrac{\sqrt{x^2+1}}{\sqrt[3]{x-2}}$；$(x > 2)$

(5) $y = \ln\operatorname{arccot}\dfrac{1}{x}$；

(6) $y = e^{\sin x^2}\arctan\sqrt{x^2-1}$；

(7) $y = x^{a^a} + a^{x^a} + a^{a^x} + a^{a^a}$. $(a > 0$ 且 $a \neq 1)$

4. 设函数 $f(x)=(x-a)\phi(x)$，其中 $\phi(x)$ 在点 $x=a$ 连续，讨论 $f(x)$ 在点 $x=a$ 处的可导性.

5. 设函数 $f'(x)$ 存在，求 y'：

(1) $y=\left[f\left(\sin\dfrac{1}{x}\right)\right]^2$；

(2) $y=f[\ln\cos(e^{2x})]$；

(3) $y=f\{f[f(x)]\}$.

6. 设函数 $y=f(x)=\ln x+\left(\dfrac{x}{e}\right)^3$，求 $(f^{-1})'(y)\big|_{y=2}$.

第三节　高阶导数的概念与求导法则

一、梳理主要内容

1. **引例**：变速直线运动的加速度 $a = (s')'$.

2. **高阶导数的定义**：称函数 $y = f(x)$ 的一阶导数 $f'(x)$ 在点 x 处的导数 $[f'(x)]'$ 为 $f(x)$ 在点 x 处的二阶导数，记作 $f''(x)$，或 y''，或 $\dfrac{d^2y}{dx^2}$，或 $\dfrac{d^2f(x)}{dx^2}$；类似地，函数 $n-1$ 阶导数的导数称为函数的 n 阶导数（$n \geq 3$），分别记为 y'''，$y^{(4)}$，$\cdots$，$y^{(n)}$；或 $f'''(x)$，$f^{(4)}(x)$，$\cdots$，$f^{(n)}(x)$；或 $\dfrac{d^3y}{dx^3}$，$\dfrac{d^4y}{dx^4}$，$\cdots$，$\dfrac{d^ny}{dx^n}$. 且 $y^{(n)} = [y^{(n-1)}]'$；

$$f^{(n)}(x_0) = \lim_{x \to x_0} \frac{f^{(n-1)}(x) - f^{(n-1)}(x_0)}{x - x_0}.$$ （二阶及二阶以上的导数统称为高阶导数）

3. **高阶导数的求导法则**：设函数 $u = u(x)$ 及 $v = v(x)$ 在点 x 处具有 n 阶导数，则函数 $u(x) \pm v(x)$ 与 $u(x)v(x)$ 也在点 x 处有 n 阶导数，且

$(u \pm v)^{(n)} = u^{(n)} \pm v^{(n)}$；$(Cu)^{(n)} = Cu^{(n)}$（$C$ 为常数）；

$(u \cdot v)^{(n)} = \sum_{k=0}^{n} C_n^k u^{(n-k)} v^{(k)}$，其中 $u^{(0)} = u$，$v^{(0)} = v$.

（求 $(u \cdot v)^{(n)}$ 的公式称为莱布尼茨公式）

4. **熟记常用的 n 阶导数公式**：

① $(x^n)^{(n)} = n!$；　② $(\sin x)^{(n)} = \sin\left[x + n \cdot \dfrac{\pi}{2}\right]$；

③ $(\cos x)^{(n)} = \cos\left[x + n \cdot \dfrac{\pi}{2}\right]$；　④ $(x^\mu)^{(n)} = \mu(\mu-1)(\mu-2)\cdots(\mu-n+1)x^{\mu-n}$；

⑤ $(a^x)^{(n)} = a^x \ln^n a$；　⑥ $[\ln(1+x)]^{(n)} = (-1)^{n-1} \cdot \dfrac{(n-1)!}{(1+x)^n}$.

5. **求高阶导数的方法**：

(1) 利用定义，$f^{(n)}(x_0) = \lim\limits_{x \to x_0} \dfrac{f^{(n-1)}(x) - f^{(n-1)}(x_0)}{x - x_0}$；（适用于分段函数在分界点处）

(2) 利用不完全归纳法，先逐阶求导，再依据其规律进行归纳；

(3) 利用已知的 n 阶导数公式和高阶导数的求导法则；

(4) 先利用恒等变形化为简单函数的和与差，再利用已知的 n 阶导数公式和求导法则，如：$\ln\dfrac{1+x}{1-x} = \ln(1+x) - \ln(1-x)$；$\dfrac{1}{(x-1)(x-2)} = \dfrac{1}{x-2} - \dfrac{1}{x-1}$；

$$\cos^2 x = \frac{1}{2} + \frac{1}{2}\cos 2x.$$

6. 注记：

(1) 函数 $f(x)$ 在点 x 处具有 n 阶导数，常说成函数 $f(x)$ 在点 x 处 n 阶可导.

(2) 如果函数 $f(x)$ 在点 x 处具有 n 阶导数，则 $f(x)$ 在 $U(x)$ 内必定具有低于 n 阶的各阶导数.

(3) 函数 $f(x)$ 在点 x 处具有一阶连续导数，是指 $f'(x)$ 在点 x 处连续.

二、必做题型

1. 求下列函数的 n 阶导数 $y^{(n)}$：

(1) $y = \dfrac{1-x}{1+x}$；

(2) $y = \dfrac{x^3}{1-x}$.

(3) $y = \sin^4 x + \cos^4 x$.

2. 设函数 $f(x) = (x^2 - 3x + 2)^n \cos\sqrt{x+2}$，求 $f^{(n)}(2)$.

3. 设函数 $f(x) = 3x^3 + x^2|x|$，求使 $f^{(n)}(0)$ 存在的最高阶数 n.

4. 设函数 $f(x)$ 具有任意阶导数，且 $f'(x) = [f(x)]^2$，求当 $n \geq 2$ 时，$f^{(n)}(x)$ 的表达式.

5. 试从 $\dfrac{\mathrm{d}x}{\mathrm{d}y} = \dfrac{1}{y'}$ 导出：

(1) $\dfrac{\mathrm{d}^2 x}{\mathrm{d}y^2} = -\dfrac{y''}{(y')^3}$；

(2) $\dfrac{\mathrm{d}^3 x}{\mathrm{d}y^3} = \dfrac{3(y'')^2 - y'y'''}{(y')^5}$.

第四节 隐函数及由参数方程确定的函数的导数 相关变化率

一、梳理主要内容

1. **显函数**：形如 $y = f(x)$ 的函数.

2. **隐函数**：函数关系隐藏在方程 $F(x, y) = 0$ 中. 注：并非任一方程 $F(x, y) = 0$ 都能确定隐函数，如方程 $x^2 + y^2 + 1 = 0$ 就不能确定隐函数. 关于方程 $F(x, y) = 0$ 能确定函数关系的条件可查阅多元函数中的相关内容；有些隐函数不能通过恒等变形化为显函数.

3. **由参数方程确定的函数**：参数方程 $\begin{cases} x = \varphi(t), \\ y = \phi(t), \end{cases} t \in I$ 确定的函数关系 $y = y(x)$.

4. **隐函数的求导方法**：先将方程 $F(x, y) = 0$ 两边同时对 x 求导，此时需将 y 看作是 x 的函数，再解出 y' 即得隐函数的导数.（一般 y' 中会含 y）

5. 由参数方程 $\begin{cases} x = \varphi(t), \\ y = \phi(t), \end{cases} t \in I$ 确定的函数 $y = y(x)$ 的导数公式：

   如果函数 $x = \varphi(t)$，$y = \phi(t)$ 在区间 I 上均可导，且 $\varphi'(t) \neq 0$，则 $\dfrac{dy}{dx} = \dfrac{\dfrac{dy}{dt}}{\dfrac{dx}{dt}} = \dfrac{\phi'(t)}{\varphi'(t)}$，

   如果函数 $x = \varphi(t)$，$y = \phi(t)$ 在区间 I 上还是二阶可导的，则

   $$\frac{d^2 y}{dx^2} = \frac{d}{dx}\left(\frac{dy}{dx}\right) = \frac{\dfrac{d}{dt}\left(\dfrac{dy}{dx}\right)}{\dfrac{dx}{dt}} = \frac{\dfrac{d}{dt}\left(\dfrac{\phi'(t)}{\varphi'(t)}\right)}{\dfrac{dx}{dt}} = \frac{\phi''(t)\varphi'(t) - \varphi''(t)\phi'(t)}{[\varphi'(t)]^3}.$$

6. **对数求导法**：先将 $y = f(x)$ 两边取对数，再用隐函数求导方法求出导数 $\dfrac{dy}{dx}$.（适用于幂指函数和同时含乘、除、乘方、开方运算的函数. 常用到的公式：$\ln M + \ln N = \ln(MN)$；$\ln M - \ln N = \ln \dfrac{M}{N}$；$\ln M^k = k \ln M$，其中 $M > 0, N > 0$）

7. **相关变化率**：若函数 $x = x(t)$ 与 $y = y(t)$ 均可导，且它们之间具有某种关系，从而 $\dfrac{dx}{dt}$ 与 $\dfrac{dy}{dt}$ 之间也存在一种关系，从而称 $\dfrac{dx}{dt}$ 与 $\dfrac{dy}{dt}$ 为相关变化率. 相关变化率问题就是研究这两个变化率之间的关系，以便从一个已知的变化率中，求出另一个变化率.

二、必做题型

1. 求由方程 $\sqrt{x^2+y^2}=\arctan\dfrac{y}{x}$ 确定的隐函数 $y=y(x)$ 的导数 $\dfrac{dy}{dx}$.

2. 设方程 $y^5+2y-x-3x^7=0$ 确定隐函数 $y=y(x)$,求 $\dfrac{dy}{dx}\bigg|_{x=0}$.

3. 求摆线 $\begin{cases} x=a(t-\sin t), \\ y=a(1-\cos t) \end{cases}$ 在 $t=\dfrac{\pi}{2}$ 对应点处的切线方程.

4. 设参数方程 $\begin{cases} x=3t^2+2t, \\ e^y\sin t-y+1=0 \end{cases}$ 确定函数 $y=y(x)$,求 $\dfrac{dy}{dx}\bigg|_{t=0}$.

5. 求下列函数的导数 $\dfrac{\mathrm{d}y}{\mathrm{d}x}$：

(1) $y = (\tan x)^{\sin x}$;

(2) $y = \sqrt{\mathrm{e}^{\frac{1}{x}}\sqrt{x\sqrt{\cos x}}}$;

(3) $y = (\tan x)^{\sin x} + \sqrt{\mathrm{e}^{\frac{1}{x}}\sqrt{x\sqrt{\cos x}}}$.

6. 设 $y = f(x+y)$，其中 f 具有二阶导数，且其一阶导数不等于 1，求 $\dfrac{\mathrm{d}^2 y}{\mathrm{d}x^2}$.

7. 设参数方程 $\begin{cases} x = \ln(1+t^2), \\ y = t - \arctan t \end{cases}$ 确定函数 $y = y(x)$，求 $\dfrac{\mathrm{d}^2 y}{\mathrm{d}x^2}$ 与 $\dfrac{\mathrm{d}^3 y}{\mathrm{d}x^3}$.

第五节 函数的微分

一、梳理主要内容

1. **函数 $y=f(x)$ 在点 x 可微的定义**：设函数 $y=f(x)$ 在 $U(x)$ 内有定义，如果 $\Delta y = f(x+\Delta x) - f(x) = A\Delta x + o(\Delta x)$，其中 A 与 Δx 无关，$o(\Delta x)$ 是当 $\Delta x \to 0$ 时比 Δx 高阶的无穷小，则称函数 $y=f(x)$ 在点 x 处是可微的，称 $A\Delta x$ 为函数 $y=f(x)$ 在点 x 处相应于自变量增量 Δx 的微分，记作 $\mathrm{d}y$，即 $\mathrm{d}y = A\Delta x$.

2. **函数可微与可导的关系**：函数 $f(x)$ 在点 x 处可微的充要条件是函数 $f(x)$ 在点 x 处可导. 而且当函数 $f(x)$ 在点 x 处可微时，其微分 $\mathrm{d}y = f'(x)\Delta x$. 通常自变量的增量 Δx 称为自变量的微分，记作 $\mathrm{d}x$，于是 $\mathrm{d}y = f'(x)\mathrm{d}x$. 因此 $\dfrac{\mathrm{d}y}{\mathrm{d}x} = f'(x)$，故导数又称为"微商".

3. **函数增量 Δy 与微分 $\mathrm{d}y$ 的关系**：$\Delta y = \mathrm{d}y + o(\Delta x)$. 且有

    (1) 当 $f'(x) \neq 0$ 时，$\lim\limits_{\Delta x \to 0} \dfrac{\Delta y}{\mathrm{d}y} = \lim\limits_{\Delta x \to 0} \dfrac{\Delta y}{f'(x)\Delta x} = 1$. 即，当 $\Delta x \to 0$ 时，$\Delta y \sim \mathrm{d}y$；

    (2) 当 $|\Delta x| \ll 1$ 时，$\Delta y \approx \mathrm{d}y$，即 $f(x+\Delta x) \approx f(x) + f'(x)\Delta x$. 该公式常用于近似计算. 如，当 $|x| \ll 1$ 时，$\sqrt[n]{1+x} \approx 1 + \dfrac{1}{n}x$，$(1+x)^{\alpha} \approx 1 + \alpha x$，其中 α 是常数.

4. **微分的几何意义**：函数 $y=f(x)$ 在点 x 处的微分 $\mathrm{d}y$，表示曲线 $y=f(x)$ 在点 $P(x_0, f(x_0))$ 处的切线的纵坐标对应于 Δx 的增量.

5. **微分公式与微分运算法则**：

    （1）基本初等函数的微分公式；

    （2）微分的四则运算法则；

    （3）复合函数的微分法则.

6. **微分形式不变性**：设函数 $y=f(u)$ 可导，则不论 u 是自变量还是中间变量，微分形式 $\mathrm{d}y = f'(u)\mathrm{d}u$ 保持不变. 注：利用微分形式不变性可以求一些多层复合结构的函数的微分.

7. **求函数微分的方法**：

    （1）利用微分的定义；

    （2）利用 $\mathrm{d}y = f'(x)\mathrm{d}x$，先求 $f'(x)$，再代入 $\mathrm{d}y = f'(x)\mathrm{d}x$；

    （3）直接利用微分公式及微分法则；

    （4）利用微分形式不变性.

二、必做题型

1. 求下列函数的微分 dy：

   (1) $y = \dfrac{x^3}{\ln x}$；

   (2) $y = \ln\sin\dfrac{1}{x}$；

   (3) $y = \ln(1 + e^{x^2})$；

   (4) $y = \arcsin\left(\sin^2\dfrac{1}{x}\right)$.

2. 利用当 $|x| \ll 1$ 时，$(1 + x)^\alpha \approx 1 + \alpha x$，计算 $\sqrt[5]{245}$ 的近似值.

3. 设函数 $y = y(x)$ 是由方程 $e^{-y} = \cos(xy) - 2x$ 确定的隐函数，求 dy 及 $dy \Big|_{\substack{x=0 \\ \Delta x = 0.1}}$.

第二章 导数与微分 测试题

1. 填空题:(每小空2分,共8分)

   (1) 设 $f'(x_0) = A$,则 $\lim\limits_{h \to 0} \dfrac{f(x_0 - 2h) - f(x_0 + 3h)}{h} = $ _____.

   (2) 曲线 $y = 2\sin x + x^2$ 上横坐标为 $x = 0$ 的点处的切线方程为 _____,
   法线方程为 _____.

   (3) 已知连续曲线 $y = f(x)$ 与 $y = \ln(1 + 2x)$ 在原点相切,则 $\lim\limits_{n \to \infty} nf\left(\dfrac{2}{n+1}\right) = $ _____.

2. 设函数 $f(x) = x(x+1)(x+2)\cdots(x+2019)$,求 $f'(0)$. (6分)

3. 求解下列各题:(每小题7分,共49分)

   (1) 设 $y = x\arcsin\dfrac{x}{2} + \sqrt{9 - x^2} + \ln 3$,求 y'.

(2) 设函数 $y = f\left(\dfrac{3x-2}{3x+2}\right)$，$f'(x) = \arctan x^2$，求 $\left.\dfrac{dy}{dx}\right|_{x=0}$.

(3) 设函数 $y = \cos[f(x^2)]$，其中 f 具有二阶导数，求 $\dfrac{d^2 y}{dx^2}$.

(4) 设 $y = y(x)$ 是由方程 $e^x + xy = e$ 确定的隐函数，求 $\dfrac{dy}{dx}$ 及 $\left.\dfrac{d^2 y}{dx^2}\right|_{x=1}$.

(5) 设函数 $y = (1+\sin x)^x$，求 dy.

(6) 设参数方程 $\begin{cases} x = t^2 + 2t, \\ y = \ln(1 + 2t) \end{cases}$ 确定函数 $y = y(x)$, 求 $\dfrac{dy}{dx}$ 及 $\dfrac{d^2y}{dx^2}$.

(7) 设函数 $f(x) = x^3 \cdot \ln(1 + x)$, 求 $f^{(100)}(0)$.

4. 设函数 $f(x) = \begin{cases} \ln(1 + x), & x \geq 0, \\ e^{\sin x}, & x < 0, \end{cases}$ 求 $f'(x)$. (7 分)

5. 设函数 $f(x) = \begin{cases} x^2, & x \leq 1, \\ ax+b, & x > 1 \end{cases}$ 在点 $x = 1$ 处可导,求常数 a、b. (10 分)

6. 试讨论函数 $f(x) = \begin{cases} x\sin\dfrac{1}{x}, & x \neq 0, \\ 0, & x = 0 \end{cases}$ 在点 $x = 0$ 处的连续性与可导性. (10 分)

7. 证明:双曲线 $xy = a^2 (a > 0)$ 上任一点处的切线与两坐标轴构成的三角形面积等于 $2a^2$. (10 分)

第三章 微分中值定理与导数的应用

第一节 微分中值定理

一、梳理主要内容

1. **费马(Fermat)引理**：若(1) 函数$f(x)$在$U(x_0,\delta)$内有定义,且在$U(x_0,\delta)$内恒有$f(x) \leqslant f(x_0)$或$f(x) \geqslant f(x_0)$；(2) 函数$f(x)$在点x_0处可导,则$f'(x_0) = 0$.

2. **罗尔(Rolle)定理**：若(1) $f(x)$在$[a,b]$上连续；(2) $f(x)$在(a,b)内可导；(3) $f(a) = f(b)$,则在(a,b)内至少存在一点ξ,使得$f'(\xi) = 0$.（也就是方程$f'(x) = 0$在(a,b)内至少有一个根ξ）

3. **拉格朗日(Lagrange)中值定理**：若(1) $f(x)$在$[a,b]$上连续；(2) $f(x)$在(a,b)内可导,则在(a,b)内至少存在一点ξ,使得$\dfrac{f(b) - f(a)}{b - a} = f'(\xi)$或$f(b) - f(a) = f'(\xi)(b - a)$.

    推论1 $\forall x \in I$（区间）,则$f'(x) \equiv 0 \Leftrightarrow f(x) \equiv C$（$C$是常数）.

    推论2 若$\forall x \in (a,b)$,有$f'(x) = g'(x)$,则$\forall x \in (a,b)$,$f(x) = g(x) + C$（C是常数）.

4. **柯西(Cauchy)中值定理**：若(1) $f(x)$与$g(x)$在$[a,b]$上连续；(2) $f(x)$与$g(x)$在(a,b)内可导；(3) $\forall x \in (a,b)$,$g'(x) \neq 0$,则在(a,b)内至少存在一点ξ,使得$\dfrac{f(b) - f(a)}{g(b) - g(a)} = \dfrac{f'(\xi)}{g'(\xi)}$.

5. **泰勒(Taylor)中值定理(带拉格朗日型余项)**：设函数$f(x)$在$U(x_0)$内具有直到$n+1$阶的导数,则$\forall x \in U(x_0)$,有$f(x) = f(x_0) + f'(x_0)(x - x_0) + \dfrac{f''(x_0)}{2!}(x - x_0)^2 + \cdots + \dfrac{f^{(n)}(x_0)}{n!}(x - x_0)^n + \dfrac{f^{(n+1)}(\xi)}{(n+1)!}(x - x_0)^{n+1}$,其中$\xi$介于$x_0$与$x$之间.

6. **泰勒(Taylor)中值定理(带皮亚诺型余项)**：设函数$f(x)$在点x_0具有n阶导数,则存在$U(x_0)$, $\forall x \in U(x_0)$,有$f(x) = f(x_0) + f'(x_0)(x - x_0) + \dfrac{f''(x_0)}{2!}(x - x_0)^2 + \cdots + \dfrac{f^{(n)}(x_0)}{n!}(x - x_0)^n + o((x - x_0)^n)$.

7. 麦克劳林(Maclaurin)公式(带拉格朗日型余项):

$$f(x) = f(0) + f'(0)x + \frac{f''(0)}{2!}x^2 + \cdots + \frac{f^{(n)}(0)}{n!}x^n + \frac{f^{(n+1)}(\xi)}{(n+1)!}x^{n+1}; (\xi \text{ 介于 } 0 \text{ 与 } x \text{ 之间})$$

8. 麦克劳林(Maclaurin)公式(带皮亚诺型余项):

$$f(x) = f(0) + f'(0)x + \frac{f''(0)}{2!}x^2 + \cdots + \frac{f^{(n)}(0)}{n!}x^n + o((x)^n).$$

9. 常用的几个初等函数的 n 阶麦克劳林公式:

$$e^x = 1 + x + \frac{x^2}{2!} + \frac{x^3}{3!} + \cdots + \frac{x^n}{n!} + \frac{e^{\theta x}}{(n+1)!}x^{n+1}, \quad 0 < \theta < 1;$$

$$\sin x = x - \frac{x^3}{3!} + \frac{x^5}{5!} - \frac{x^7}{7!} + \cdots + (-1)^{m-1}\frac{x^{2m-1}}{(2m-1)!} + \frac{x^{2m+1}}{(2m+1)!}\sin\left(\theta x + \frac{2m+1}{2}\pi\right), \quad 0 < \theta < 1;$$

$$\cos x = 1 - \frac{x^2}{2!} + \frac{x^4}{4!} - \frac{x^6}{6!} + \cdots + (-1)^m \frac{x^{2m}}{(2m)!} + \frac{x^{2m+2}}{(2m+2)!}\cos\left(\theta x + \frac{2m+2}{2}\pi\right),$$
$$0 < \theta < 1;$$

$$\ln(1+x) = x - \frac{x^2}{2} + \frac{x^3}{3} - \frac{x^4}{4} + \cdots + (-1)^{n-1}\frac{x^n}{n} + (-1)^n \frac{x^{n+1}}{(n+1)(1+\theta x)^{n+1}},$$
$$0 < \theta < 1;$$

$$(1+x)^\alpha = 1 + \alpha x + \frac{\alpha(\alpha-1)}{2!}x^2 + \cdots + \frac{\alpha(\alpha-1)(\alpha-2)\cdots(\alpha-n+1)}{n!}x^n +$$
$$\frac{\alpha(\alpha-1)(\alpha-2)\cdots(\alpha-n)}{(n+1)!(1+\theta x)^{n+1-\alpha}}x^{n+1}, \quad 0 < \theta < 1.$$

10. 注记:

(1) 四个中值定理的条件都是充分条件,满足定理的条件即有相应的结论. 应用定理时须验证条件;不满足定理的条件时,就不能用相应的结论.

(2) 要理解四个中值定理的几何意义及它们之间的关系.

(3) 注意四个中值定理的使用范围: 一般地,罗尔定理可用于证明方程 $f'(x) = 0$ 在 (a,b) 内至少有一个根的问题,例如,设 $f(x)$ 在 $[0,1]$ 上连续, $f(x)$ 在 $(0,1)$ 内可导,且 $f(1) = 0$, 证明: 在 $(0,1)$ 内至少存在一点 ξ, 使得 $f'(\xi) = -\frac{f(\xi)}{\xi}$.

拉格朗日中值定理是联系函数增量与自变量增量的关系式,可用于证明有关增量的等式或不等式,如: $\arcsin x + \arccos x = \frac{\pi}{2}$ $(-1 \leqslant x \leqslant 1)$ 及 $\frac{x}{x+1} < \ln(1+x) < x(x>0)$.

柯西中值定理是联系两个函数增量比值的关系式,可用于证明有关两个函数增量的等式或不等式,如,设 $f(x)$ 在 $[a,b]$ 上连续,在 (a,b) 内可导,$0<a<b$,证明至少存在一点 $\xi\in(a,b)$,使得 $f(b)-f(a)=\xi f'(\xi)\ln\dfrac{b}{a}$.

泰勒中值定理是联系函数值与函数在某点的各阶导数值之间的关系式,可用于证明函数值与函数在某点高阶导数值的等式或不等式,例如,设 $f(x)$ 在 $[0,1]$ 上二阶可导,且 $f(0)=f(1)=0$,$|f''(x)|\leqslant A$,证明:在 $[0,1]$ 上至少存在一点 c,使得 $|f'(c)|\leqslant\dfrac{A}{2}$.

(4) 拉格朗日中值定理、柯西中值定理和泰勒中值定理还可以用于求极限.

(5) 若要证明的结论中含两个或两个以上的中值,需考虑多次应用中值定理.

(6) 若要证明的结论是不等式,则在应用中值定理后再用适当放大或缩小的技巧.

二、必做题型

1. 设函数 $f(x)$ 在 $(-\infty,+\infty)$ 内可导,且 $f'(x)=k$(k 为常数). 证明:当 $-\infty<x<+\infty$ 时,$f(x)=kx+C$,其中 C 为常数.

2. 证明:

(1) 当 x、$y\in(-\infty,+\infty)$ 时,$|\sin x-\sin y|\leqslant|x-y|$;

(2) 当 $x > 0$ 时，$x < e^x - 1 < xe^x$；

(3) 当 $0 < x < \dfrac{\pi}{2}$ 时，$x < \tan x < \dfrac{x}{\cos^2 x}$.

3. 设函数 $f(x)$ 在 $[0,1]$ 上具有二阶导数，且 $f(0) = f(1) = 0$，令 $F(x) = xf(x)$，证明：在 $(0,1)$ 内至少存在一点 ξ，使得 $F''(\xi) = 0$.

4. 设函数 $f(x)$ 在 $[-1,1]$ 上具有二阶导数，$g(x) = [\sin \pi(x+1)]f(x)$，证明：在 $(-1,1)$ 内至少存在一点 ξ，使得 $g''(\xi) = 0$.

5. 设函数 $f(x)$ 在 $[0,1]$ 上可微, 且 $0 < f(x) < 1$, $f'(x) \neq 1$, 证明: 在 $(0,1)$ 内有且仅有一点 ξ, 使得 $f(\xi) = \xi$.

6. 设函数 $f(x)$ 在 $[0,\pi]$ 上可导, 证明: 在 $(0,\pi)$ 内至少存在一点 ξ, 使得 $f'(\xi)\sin\xi + f(\xi)\cos\xi = 0$.

7. 设 $x_1 < x_2 < x_3$, 函数 $f(x)$ 在 $[x_1, x_3]$ 上连续, 在 (x_1, x_3) 内二阶可导, 且 $f(x_1) = f(x_2) = f(x_3)$, 证明: 在 (x_1, x_3) 内至少存在一点 c, 使得 $f''(c) = 0$.

8. 求下列极限：

(1) $\lim\limits_{x\to\infty}\left[x-x^2\ln\left(1+\dfrac{1}{x}\right)\right]$；

(2) $\lim\limits_{x\to 0}\dfrac{\dfrac{x^2}{2}+1-\sqrt{1+x^2}}{(\cos x-e^{x^2})\sin x^2}$；

(3) $\lim\limits_{x\to+\infty}(\sqrt[6]{x^6+x^5}-\sqrt[6]{x^6-x^5})$.

9. 证明：$\sin 1=\cos\ln\xi, 1<\xi<e$.

10. 设在 (a,b) 内，$f''(x)\geqslant 0$，证明：$\forall x_1,x_2\in(a,b)$，$f\left(\dfrac{x_1+x_2}{2}\right)\leqslant\dfrac{f(x_1)+f(x_2)}{2}$.

第二节 洛必达法则

一、梳理主要内容

1. **有关 $\dfrac{0}{0}$ 与 $\dfrac{\infty}{\infty}$ 型未定式极限的洛必达法则**：设函数 $f(x)$ 和 $g(x)$ 满足：

   (1) $\lim\limits_{x\to x_0} f(x) = \lim\limits_{x\to x_0} g(x) = 0$（或 ∞）；

   (2) $f(x)$ 与 $g(x)$ 在 $\mathring{U}(x_0, \delta)$ 内可导，且 $g'(x) \neq 0$；

   (3) $\lim\limits_{x\to x_0} \dfrac{f'(x)}{g'(x)} = A$（或 ∞），

   则 $\lim\limits_{x\to x_0} \dfrac{f(x)}{g(x)} = \lim\limits_{x\to x_0} \dfrac{f'(x)}{g'(x)} = A$（或 ∞）.

   这种在一定条件下,通过分子分母分别求导来求极限值的方法称为洛必达法则.

2. **其他五种未定式**：$0 \cdot \infty$，$\infty - \infty$，0^0，1^∞，∞^0 型未定式.

   注：这五种未定式需要化为 $\dfrac{0}{0}$ 或 $\dfrac{\infty}{\infty}$ 型的未定式来计算：

   (1) 对于 $0 \cdot \infty$ 型（形如 $\lim f(x)g(x)$，其中 $\lim f(x) = 0$，$\lim g(x) = \infty$），转化为 $\lim \dfrac{f(x)}{\dfrac{1}{g(x)}}$

   $\left(\dfrac{0}{0} \text{型}\right)$，或 $\lim \dfrac{g(x)}{\dfrac{1}{f(x)}}$ $\left(\dfrac{\infty}{\infty} \text{型}\right)$，再用洛必达法则计算.

   (2) 对于 $\infty - \infty$ 型（形如 $\lim[f(x) - g(x)]$，其中 $\lim f(x) = \infty$，$\lim g(x) = \infty$），可以用转

   化为 $\lim \dfrac{\dfrac{1}{f(x)g(x)}}{\dfrac{1}{g(x)} - \dfrac{1}{f(x)}}$ $\left(\dfrac{0}{0} \text{型}\right)$，再用洛必达法则计算；也可用通过变量代换后,再

   计算；还可以用泰勒公式计算.

   (3) 对于 0^0，1^∞，∞^0 型（形如 $\lim u(x)^{v(x)}$，其中 $u(x) > 0$，$u(x) \neq 1$：或 $\lim u(x) = 0$ 同时 $\lim v(x) = 0$；或 $\lim u(x) = 1$ 同时 $\lim v(x) = \infty$；或 $\lim u(x) = \infty$ 同时 $\lim v(x) = 0$），转化为 $\lim u(x)^{v(x)} = \lim e^{v(x)\ln u(x)} = e^{\lim v(x)\ln u(x)}$，其中 $\lim v(x)\ln u(x)$ 为 $0 \cdot \infty$ 型,再计算.

3. **注记**：

   (1) 不论自变量的变化过程为 $x \to x_0^+$，$x \to x_0^-$，$x \to \infty$，$x \to +\infty$，$x \to -\infty$ 中的哪一种,只要满足洛必达法则中类似的条件,则有类似的结论.

   (2) 洛必达法则的条件只是充分条件,使用洛必达法则前必须验证条件是否满足. 不是

未定式及不满足条件的未定式都不能用洛必达法则;洛必达法则可以连续应用,但必须步步化简(尽可能地化简)、步步验证是否满足使用条件.

(3) 在运用洛必达法则求极限的过程中,可结合代数运算、等价无穷小替换、提取极限不为零的乘积因子等方法将运算简化.

(4) 不是所有的未定式都适合用洛必达法则.

(5) 对任意 $\alpha > 0$, $a > 1$, 当 $x \to +\infty$ 时, $\ln x$、x^{α}、a^x 都是正无穷大,但 a^x 增长最快,x^{α} 次之,$\ln x$ 最慢.

4. 数列极限的未定式用洛必达法则,须利用数列极限与函数极限的关系:

(1) 对数列极限 $\lim\limits_{n \to \infty} f(n)$ 考虑用洛必达法则时,须先考察 $\lim\limits_{x \to +\infty} f(x)$.

(2) 若 $\lim\limits_{x \to +\infty} f(x) = A$,则 $\lim\limits_{n \to \infty} f(n) = \lim\limits_{x \to +\infty} f(x) = A$. 如 $\lim\limits_{n \to \infty} \left(n \tan \dfrac{1}{n} \right)^{n^2}$,考察 $\lim\limits_{x \to +\infty} \left(x \tan \dfrac{1}{x} \right)^{x^2} =$

$\lim\limits_{x \to +\infty} e^{x^2 \ln x \tan \frac{1}{x}} = e^{\lim\limits_{x \to +\infty} x^2 \ln \left[1 + x \tan \frac{1}{x} - 1 \right]} = e^{\lim\limits_{x \to +\infty} x^2 \left(x \tan \frac{1}{x} - 1 \right)} = e^{\lim\limits_{t \to 0^+} \frac{\tan t - t}{t^3}} = e^{\frac{1}{3}}$,其中 $t = \dfrac{1}{x}$,故

$\lim\limits_{n \to \infty} \left(n \tan \dfrac{1}{n} \right)^{n^2} = e^{\frac{1}{3}}$.

(3) 若 $\lim\limits_{x \to +\infty} f(x)$ 不存在,不能断定 $\lim\limits_{n \to \infty} f(n) = A$ 不存在,需用其他方法求 $\lim\limits_{n \to \infty} f(n)$.

二、必做题型

1. 判断下列说法是否正确,并说明理由:

(1) 因为极限 $\lim\limits_{x \to 0} \dfrac{\sin^2 x \sin \dfrac{1}{x}}{x}$ 不能用洛必达法则求,所以极限不存在.

(2) 设极限 $\lim\limits_{x \to a} \dfrac{f(x)}{g(x)}$ 是未定式,如果极限 $\lim\limits_{x \to a} \dfrac{f'(x)}{g'(x)}$ 不存在,则极限 $\lim\limits_{x \to a} \dfrac{f(x)}{g(x)}$ 也一定不存在.

2. 求下列极限:

(1) $\lim\limits_{x \to +\infty} \dfrac{\dfrac{\pi}{2} - \arctan x}{\sin \dfrac{1}{x}}$; (2) $\lim\limits_{x \to 0} \dfrac{e - (1+x)^{\frac{1}{x}}}{x}$;

(3) $\lim\limits_{x\to\frac{\pi}{2}}(\sec x - \tan x)$;

(4) $\lim\limits_{x\to +\infty}\left(\dfrac{e^x}{x} - \dfrac{e^x}{x+1}\right)$;

(5) $\lim\limits_{x\to 0^+}(\cot x)^{\frac{1}{\ln x}}$;

(6) $\lim\limits_{x\to +\infty} x^{\frac{3}{2}}(\sqrt{x+2} - 2\sqrt{x+1} + \sqrt{x})$;

(7) $\lim\limits_{x\to 0}\dfrac{1}{x^{10}} e^{-\frac{1}{x^2}}$;

(8) $\lim\limits_{x\to 0}\dfrac{\ln(1+x+x^2) + \ln(1-x+x^2)}{\sec x - \cos x}$;

(9) $\lim\limits_{x\to 0}\left(\dfrac{a_1^x + a_2^x + \cdots + a_n^x}{n}\right)^{\frac{1}{x}}$,其中常数 $a_i > 0$, $i = 1, 2, \cdots, n$.

3. 设 $\lim\limits_{x\to 0}\left(\dfrac{\sin 3x}{x^3} + \dfrac{a}{x^2} + b\right) = 0$,求常数 a、b.

4. 设函数 $f(x)$ 二阶可导,证明: $f''(x) = \lim\limits_{\Delta x\to 0}\dfrac{f(x+\Delta x) + f(x-\Delta x) - 2f(x)}{(\Delta x)^2}$.

第三节 函数的单调性

一、梳理主要内容

1. 函数 $y=f(x)$ 在区间 I 上单调增加的定义：$\forall x_1, x_2 \in I$，且 $x_1 < x_2$，有 $f(x_1) < f(x_2)$；类似地，可定义函数 $y=f(x)$ 在区间 I 上单调减少.

2. 单调区间的定义：若函数在其定义域的某个子区间内是单调的，则称该子区间为函数的单调区间.

3. 单调性的判定定理：设函数 $f(x)$ 在区间 I 上可导，则

    (1) 若在区间 I 上，$f'(x) > 0$，则 $f(x)$ 在区间 I 上单调增加；

    (2) 若在区间 I 上，$f'(x) < 0$，则 $f(x)$ 在区间 I 上单调减少.

    注：区间内孤立点导数为零，不影响区间的单调性.

4. 求函数 $f(x)$ 单调区间的步骤：

    (1) 确定函数 $f(x)$ 的定义域；

    (2) 求 $f'(x) = 0$ 和 $f'(x)$ 不存在的点，用这些点把定义域分成若干个子区间；

    (3) 在每一个子区间上，根据 $f'(x) > 0$ 还是 $f'(x) < 0$，判断 $f(x)$ 在该子区间上是单调增加还是单调减少的；

    (4) 确定函数 $f(x)$ 的各单调区间.

5. 常用函数单调性的结论证明不等式：设 $f(x)$ 在 $[a,b]$ 上连续，在 (a,b) 内可导，且在 (a,b) 内 $f'(x) > 0$ 或 $f'(x) < 0$，$f(a) \geq 0$（或 $f(b) \geq 0$），则 $f(x) > 0$.

    注：该结论对无穷区间也成立，此时记 $f(a) = \lim\limits_{x \to -\infty} f(x)$，$f(b) = \lim\limits_{x \to +\infty} f(x)$ 即可.

6. 其他应用：

    (1) 辅助函数的构造方法：若要证 $b\ln a > a\ln b$，即证 $b\ln a - a\ln b > 0$. 把 b 改写为 x，构造辅助函数 $f(x) = x\ln a - a\ln x$，则只需证 $f(b) > f(a)$.

    (2) 设 $f(x)$ 在 $[a,b]$ 上连续，在 (a,b) 内可导，且 $f'(x) > 0$（或 $f'(x) < 0$），则方程 $f(x) = 0$ 在 (a,b) 内至多有一个实根；若 $f(x)$ 还满足 $f(a) \cdot f(b) < 0$ 则方程 $f(x) = 0$ 在 (a,b) 内有且仅有一个实根.（常用这二个结论证明方程有唯一实根）

二、必做题型

1. 设函数 $y = \dfrac{2x}{1+x^2}$. 则（   ）.

（A）函数在$(-\infty, +\infty)$单调增加　　　　（B）函数在$(-\infty, +\infty)$单调减少

（C）函数只在区间$(-1, 1)$单调增加　　　　（D）函数只在区间$(-1, 1)$单调减少

2. 求函数$y = (x-1)\sqrt[3]{x^2}$的单调区间．

3. 证明：

　　(1) 当$0 < x < \pi$时，$\sin\dfrac{x}{2} > \dfrac{x}{\pi}$；　　(2) 当$b > a > e$时，$a^b > b^a$．

　　(3) 当$x > 0$时，$\ln(1+x) > \dfrac{\arctan x}{1+x}$．

4. 证明：方程$x^5 + x - 5 = 0$有且仅有一个实根．

5. 设$f(0) = 0$，且$x \geq 0$时，$f'(x)$单调增加，证明：当$x > 0$时，$g(x) = \dfrac{f(x)}{x}$单调增加．

第四节　函数的极值与最值

一、梳理主要内容

1. **函数极大值(极小值)的定义**：设函数 $f(x)$ 在 $U(x_0)$ 内有定义，若 $\forall x \in \mathring{U}(x_0)$，有 $f(x) < f(x_0)$（或 $f(x) > f(x_0)$），则称点 x_0 是函数 $f(x)$ 的极大值点(或极小值点)，称 $f(x_0)$ 是函数 $f(x)$ 的极大值(或极小值)也称 $f(x)$ 在点 x_0 处取得极大值(或极小值).

2. **极值与极值点**：函数的极大值与极小值统称为极值；使函数取得极值的点称为极值点.
   注：函数极值是函数的值，而函数的极值点是自变量的值.

3. **函数的极值与函数的最值**：
   (1) 函数的极值是局部性概念；而函数的最值是整体性概念，即函数在指定范围或定义域上的概念.
   (2) 函数的极值只能在区间的内部取得，不能在区间端点处取得；而函数的最值可能在区间的内部取得，也可能在区间的端点处取得.
   (3) 函数的极大值(或极小值)不一定是函数的最大值(或最小值)；而函数的最大值(或最小值)可能是函数的极大值(或极小值). 注：当函数在指定范围或定义域的内部某点 x_0 取得最值时，则点 x_0 是 $f(x)$ 的极值点.
   (4) 函数的极大值可能小于极小值(极小值也可能大于极大值)，而函数的最小值一定不会大于最大值；
   (5) 函数的极大值或极小值都可能多于一个，而函数的最大值或最小值都至多只有一个.

4. **驻点**：称方程 $f'(x) = 0$ 的实根为函数 $f(x)$ 的驻点.

5. **函数取得极值的必要条件**：若函数 $f(x)$ 在点 x_0 处可导，且在点 x_0 处取得极值，则 $f'(x_0) = 0$.

6. **函数取得极值的第一充分条件**：设函数 $f(x)$ 在 $U(x_0, \delta)$ 内连续，在 $\mathring{U}(x_0, \delta)$ 内可导，
   (1) 若当 $x \in (x_0 - \delta, x_0)$ 时，$f'(x) > 0$；当 $x \in (x_0, x_0 + \delta)$ 时，$f'(x) < 0$，则 $f(x)$ 在点 x_0 取得极大值；
   (2) 若当 $x \in (x_0 - \delta, x_0)$ 时，$f'(x) < 0$，当 $x \in (x_0, x_0 + \delta)$ 时，$f'(x) > 0$，则 $f(x)$ 在点 x_0 取得极小值；
   (3) 若 $f'(x)$ 在点 x_0 的左、右两侧邻域内保持同号，则 $f(x)$ 在点 x_0 处无极值.

7. **函数取得极值的第二充分条件**：设函数 $f(x)$ 在点 x_0 处具有二阶导数，且 $f'(x_0) = 0$，$f''(x_0) \neq 0$，则 (1) 当 $f''(x_0) > 0$ 时，$f(x)$ 在点 x_0 取得极小值；

(2) 当 $f''(x_0) < 0$ 时，$f(x)$ 在点 x_0 取得极大值.

函数取得极值的第二充分条件可以推广：设函数 $f(x)$ 在点 x_0 具有 n 阶导数，且 $f'(x_0) = f''(x_0) = \cdots = f^{(n-1)}(x_0) = 0, f^{(n)}(x_0) \neq 0$，则

(1) 当 n 为偶数时，$f(x)$ 在点 x_0 取得极值，且当 $f^{(n)}(x_0) > 0$ 时，$f(x)$ 在点 x_0 取得极小值；当 $f^{(n)}(x_0) < 0$ 时，$f(x)$ 在点 x_0 取得极大值；

(2) 当 n 为奇数时，$f(x)$ 在点 x_0 不取得极值.

8. **重要结论**：

(1) 只有函数的驻点或不可导点才可能是极值点.

(2) 函数极值点就是单调区间的分界点.

(3) $f(x)$ 在区间 I（开或闭、有限或无限）上连续，在区间 I 内部只有唯一的可能极值点 x_0，如果 $f(x)$ 在点 x_0 取得极大（小）值，则 $f(x_0)$ 就是 $f(x)$ 在区间 I 上的最大（小）值.

(4) 闭区间 $[a, b]$ 上的连续函数 $f(x)$，在 $[a, b]$ 上必有最大值和最小值.

9. **求函数 $f(x)$ 极值的步骤**：

(1) 确定函数 $f(x)$ 的定义域；

(2) 求 $f'(x)$；

(3) 求出函数 $f(x)$ 的全部驻点及不可导点，再用充分条件判定各点是否为极值点；

(4) 求出各极值点的函数值，即得函数 $f(x)$ 的全部极值.

10. **求函数 $f(x)$ 在 $[a, b]$ 上最大值和最小值的步骤**：

(1) 求 $f'(x)$；

(2) 求出函数 $f(x)$ 的全部驻点及不可导点，不妨记为 $x_1, x_2, \cdots, x_n$；

(3) 比较 $f(x_1), f(x_2), \cdots, f(x_n), f(a)$ 与 $f(b)$ 的大小，其中最大的值即为 $f(x)$ 在 $[a, b]$ 上的最大值，最小的值即为 $f(x)$ 在 $[a, b]$ 上的最小值.

特别地，对于实际问题：如果能根据问题的实际意义，判定 $f(x)$ 在区间 I 内部必有最大（小）值，又已知 $f(x)$ 在区间 I 上连续，且在区间 I 内部仅有唯一的可能极值点 x_0，则 $f(x_0)$ 就是区间 I 上的最大（小）值.

二、必做题型

1. 设函数 $f(x)$ 在点 x_0 处具有二阶导数，且 $f'(x_0) = 0, f''(x_0) > 0$，则点 x_0 是 $f(x)$ 的_____.

2. 函数 $f(x) = x^4 - 2x^2 + 5$ 在 $[-2, 2]$ 上的最小值为(   ).

   (A) 4　　　　　　(B) 13　　　　　　(C) 5　　　　　　(D) 不存在

3. 设函数 $f(x)$ 在点 x_0 处取得极值,则 $f(x)$ 在点 x_0 处(   ).

   (A) $f'(x_0) = 0$　　　　　　　　　　(B) $f'(x_0)$ 不存在

   (C) $f'(x_0) \neq 0$　　　　　　　　　　(D) $f'(x_0) = 0$ 或 $f'(x_0)$ 不存在

4. 函数 $f(x) = x^3 - 6x^2 + 9x + 4$ 的极值,有(   ).

   (A) 极大值 9　　　　　　　　　　(B) 极小值 11

   (C) 极大值 8,极小值 4　　　　　　(D) 极大值 4,极小值 8

5. 设函数 $f(x)$ 在 $U(0)$ 内连续,且 $\lim\limits_{x \to 0} \dfrac{f(x)}{1 - \cos x} = 2$,则 $f(x)$ 在点 $x = 0$ 处(   ).

   (A) 不可导　　　　　　　　　　(B) 可导,且 $f'(0) \neq 0$

   (C) 取得极大值　　　　　　　　(D) 取得极小值

6. 问 a 为何值时,函数 $f(x) = a\sin x + \dfrac{1}{3}\sin 3x$ 在 $x = \dfrac{\pi}{3}$ 处取得极值?并求出其极值.

7. 设函数 $f(x) = x^3 - x^2 - x + 1$,求:

   (1) $f(x)$ 的极值;

   (2) $f(x)$ 在 $[-1, 2]$ 上的最大值与最小值.

8. 设某银行中的总存款量与银行付给存户年利率的平方成正比. 若银行以 20% 的年利率把总存款的 90% 贷出,问银行给存户的年利率定为多少,才能获得最大利润?

9. 设函数 $f(x) = nx(1-x)^n$, $n \in \mathbf{N}_+$,求 $f(x)$ 在 $[0, 1]$ 上的最大值 $M(n)$ 及 $\lim\limits_{n \to \infty} M(n)$.

10. 证明:当 $x \geq 0$, $0 < \alpha < 1$ 时, $x^\alpha - \alpha x \leq 1 - \alpha$.

11. 讨论方程 $x e^{-x} = a$ (a 为正常数)实根的个数及范围.

第五节　曲线的凹凸性与拐点

一、梳理主要内容

1. **曲线凹凸性的定义**：设函数 $f(x)$ 在区间 I 上连续，若 $\forall x_1$、$x_2 \in I$，恒有 $f\left(\dfrac{x_1+x_2}{2}\right) < \dfrac{f(x_1)+f(x_2)}{2}$ 或 $f\left(\dfrac{x_1+x_2}{2}\right) > \dfrac{f(x_1)+f(x_2)}{2}$，则称 $f(x)$ 在 I 上的图形是（向上）凹（或凸）的．

2. **曲线凹凸性的判定定理**：设函数 $f(x)$ 在区间 I 内有二阶导数，则
   (1) 若在区间 I 内 $f''(x) > 0$，则 $f(x)$ 在区间 I 内的图形是（向上）凹的；
   (2) 若在区间 I 内 $f''(x) < 0$，则 $f(x)$ 在区间 I 内的图形是（向上）凸的．

3. **曲线的拐点**：连续曲线上凹向与凸向的分界点．拐点是曲线上的点 $(x_0, f(x_0))$，不同于极值点 $x = x_0$．

4. **取拐点的必要条件**：设函数 $f(x)$ 在点 x_0 处二阶可导，且 $(x_0, f(x_0))$ 为拐点，则 $f''(x_0) = 0$．
   注：拐点 $(x_0, f(x_0))$ 的 x_0 只可能是 $f''(x) = 0$ 或 $f''(x)$ 不存在的点．

5. **拐点的判别方法**：
   方法 1　对于 $f''(x) = 0$ 或 $f''(x)$ 不存在的点 x_0，判别 $f''(x)$ 在 x_0 两侧的符号，如果两侧异号，则 $(x_0, f(x_0))$ 为拐点．
   方法 2　若函数 $f(x)$ 在点 x_0 处具有三阶导数，且 $f''(x_0) = 0$，$f'''(x_0) \neq 0$，则 $(x_0, f(x_0))$ 是曲线 $y = f(x)$ 的拐点．

6. **求函数 $f(x)$ 的凹凸区间与拐点的步骤**：
   (1) 确定函数 $f(x)$ 的定义域；
   (2) 求 $f''(x) = 0$ 和 $f''(x)$ 不存在的点，用这些点把定义域分成若干个子区间；
   (3) 在每一个子区间上，根据 $f''(x) > 0$ 或 $f''(x) < 0$，判断函数 $f(x)$ 图形在这子区间内是凹的或凸的，并确定函数 $f(x)$ 的凹凸区间；
   (4) 如果相邻子区间上 $f''(x)$ 的符号不同，则子区间的分界点 x_0 对应的曲线 $y = f(x)$ 上的点 $(x_0, f(x_0))$ 为拐点．

7. **注记**：
   (1) 可导函数 $f(x)$ 在 (a, b) 内的图形是凸（或凹）$\Leftrightarrow$ 曲线 $y = f(x)$ 在 (a, b) 内位于它的任意一点的切线下方（或上方）$\Leftrightarrow f'(x)$ 在 (a, b) 内单调减少（或单调增加）；
   (2) 证明含两点平均值与这两点函数值的平均值的不等式时，可用函数图形的凹凸性．

二、必做题型

1. 设在 $[0,1]$ 上 $f''(x) > 0$，则 $f'(0)$，$f'(1)$，$f(1)-f(0)$ 或 $f(0)-f(1)$ 满足（　　）.

   (A) $f'(1) > f'(0) > f(1) - f(0)$ (B) $f'(1) > f(1) - f(0) > f'(0)$

   (C) $f(1) - f(0) > f'(1) > f'(0)$ (D) $f'(1) > f(0) - f(1) > f'(0)$

2. 若函数 $f(x)$ 在 (a, b) 内 $f'(x) < 0$，且 $f''(x) > 0$，则函数在 (a,b) 是（　　）.

   (A) 单调减少且图形是凹的   (B) 单调减少且图形是凸的

   (C) 单调增加且图形是凹的   (D) 单调增加且图形是凸的

3. 求下列函数图形的凹凸区间及拐点.

   (1) $y = \ln(x^2 + 1)$；　　(2) $y = 1 + \sqrt[3]{x-2}$.

4. 证明下列不等式：

   (1) 当 $x \neq y$ 时，$\dfrac{e^x + e^y}{2} > e^{\frac{x+y}{2}}$；

   (2) 当 $x_1 \neq x_2$ 时，$x_1 \arctan x_1 + x_2 \arctan x_2 > (x_1 + x_2) \arctan \dfrac{x_1 + x_2}{2}$.

第六节　函数图形的描绘

一、梳理主要内容

1. **曲线渐近线的定义**：若曲线 $y=f(x)$ 上的动点 $P(x,y)$ 沿着曲线无限远离坐标原点时，它与直线 l 的距离趋向于零，则称直线 l 为该曲线的渐近线.

2. **铅直渐近线**：若 $\lim\limits_{x\to x_0}f(x)=\infty$（或 $\lim\limits_{x\to x_0^-}f(x)=\infty$ 或 $\lim\limits_{x\to x_0^+}f(x)=\infty$），则直线 $x=x_0$ 是曲线 $y=f(x)$ 的铅直渐近线.（这里的 ∞ 可以是 $+\infty$ 或 $-\infty$）

3. **水平渐近线**：若 $\lim\limits_{x\to\infty}f(x)=b$，则直线 $y=b$ 是曲线 $y=f(x)$ 的水平渐近线.（这里的 ∞ 可以是 $+\infty$ 或 $-\infty$）

4. **斜渐近线**：若 $\lim\limits_{x\to\infty}\dfrac{f(x)}{x}=a$，$\lim\limits_{x\to\infty}[f(x)-ax]=b$，则直线 $y=ax+b$ 是曲线 $y=f(x)$ 的斜渐近线.（这里的两个 ∞ 可以同时是 $+\infty$ 或 $-\infty$）

   注：水平渐近线与斜渐近线的条数之和不超过两条.

5. **描绘函数图形的一般步骤**：

   (1) 确定函数的定义域，并讨论函数的奇偶性和周期性；

   (2) 求 $f'(x)$、$f''(x)$，并求使 $f'(x)=0$、$f''(x)=0$ 的点及 $f'(x)$、$f''(x)$ 不存在的点，用这些点把定义域划分成若干个部分区间；

   (3) 列表，判定各部分区间内函数的单调性、凹凸性、极值点、拐点；

   (4) 求出函数图形的渐近线；

   (5) 求极值点、拐点以及特殊辅助点（如与坐标轴的交点等）的坐标；

   (6) 画渐近线（若有的话）、描点，用光滑曲线连结各点，作出函数图形.

二、必做题型

1. 填空题：

   (1) 曲线 $y=\dfrac{x+4\sin x}{5x-2\cos x}$ 的水平渐近线方程为 _____.

   (2) 曲线 $y=\dfrac{(1+x)^{\frac{3}{2}}}{\sqrt{x}}$ 的斜渐近线方程为 _____.

2. 选择题：

(1) 设曲线 $y = \dfrac{1 + e^{-x^2}}{1 - e^{-x^2}}$，则该曲线(　　).

(A) 没有渐近线　　　　　　　　(B) 仅有水平渐近线

(C) 仅有铅直渐近线　　　　　　(D) 既有水平渐近线又有铅直渐近线

(2) 曲线 $y = \dfrac{x^2 + x}{x^2 - 1}$ 的渐近线的条数为(　　).

(A) 0　　　　(B) 1　　　　(C) 2　　　　(D) 3

3. 讨论函数 $y = 6x^5 - 5x^3$ 的性态，并作出函数的图形.

第七节 曲线的曲率

一、梳理主要内容

1. **弧微分**：设函数 $f(x)$ 在区间 (a,b) 内具有连续导数. 在曲线上取点 $M_0(x_0,y_0)$ 作为度量弧长的基点. 对于曲线上任意一点 $M(x,y)$，规定：

   （1）曲线的正向为 x 增大的方向；

   （2）弧段 $\overset{\frown}{M_0M}$ 或点 M 对应的弧 s 是指：$|s|=$ 弧段 $\overset{\frown}{M_0M}$ 的长度（弧长），且当 $\overset{\frown}{M_0M}$ 的方向与曲线正向一致时，s 取正号；相反时，s 取负号.

   则有弧微分公式 $ds = \sqrt{(dx)^2+(dy)^2} = \sqrt{1+[f'(x)]^2}dx$.

2. **曲率的定义**：在光滑曲线 L 上取定一点 M_0，作为度量弧长的起点，曲线上点 M 对应于弧 s，在点 M 处切线的倾角为 α，于是 α 是 s 的函数. 设曲线上另一点 M' 对应于弧 $s+\Delta s$，在点 M' 处切线的倾角为 $\alpha+\Delta\alpha$，则称比值 $\left|\dfrac{\Delta\alpha}{\Delta s}\right|$ 为弧段 $\overset{\frown}{MM'}$ 的平均曲率，记作 $\overline{K}=\left|\dfrac{\Delta\alpha}{\Delta s}\right|$. 平均曲率的极限称为曲线 L 在点 M 处的曲率，记作 $K=\lim\limits_{\Delta s\to 0}\left|\dfrac{\Delta\alpha}{\Delta s}\right|$.

   在 $\lim\limits_{\Delta s\to 0}\dfrac{\Delta\alpha}{\Delta s}=\dfrac{d\alpha}{ds}$ 存在的条件下，$K=\left|\dfrac{d\alpha}{ds}\right|$.（光滑曲线：处处有切线，且切线随切点的移动而连续转动. 特别地，若 $f'(x)$ 连续，可判断曲线 $y=f(x)$ 是光滑曲线）

3. **决定曲线弯曲程度的两个因素**：曲线的弧长及切线的转角.

4. **结论**：直线上各点处的曲率都是零；圆上各点处的曲率都相等，且等于 $\dfrac{1}{R}$.（R 为圆半径）

5. **曲率的计算公式**：设 $f(x)$ 具有二阶导数，曲线 $y=f(x)$ 在点 $M(x,y)$ 处的曲率公式为

   $$K=\dfrac{|y''|}{[1+(y')^2]^{\frac{3}{2}}}.$$

6. **曲率圆的定义**：设曲线 $y=f(x)$ 在点 $M(x,y)$ 处的曲率为 $K(K\neq 0)$，在点 M 处曲线的法线上，在凹的一侧取一点 D，使 $|DM|=\dfrac{1}{K}=\rho$. 以 D 为圆心，ρ 为半径的圆称为曲线在点 M 的曲率圆，圆心 D 称为曲线在点 M 的曲率中心，半径 ρ 称为曲线在点 M 的曲率半径.

二、必做题型

1. 设曲线的参数方程是 $\begin{cases} x=x(t),\\ y=y(t) \end{cases}(t\in I)$，写出其对应的弧微分公式.

2. 求曲线 $y = \ln x$ 在其与 x 轴交点 M 处的曲率、曲率中心及曲率圆的方程.

3. 椭圆 $\begin{cases} x = a\cos t, \\ y = b\sin t \end{cases}$ $(0 \leqslant t \leqslant 2\pi)$ 在何处曲率最大?

4. 曲线 $y = \sin x$ $(0 < x < \pi)$ 上哪一点处的曲率半径最小? 并求出该点处的曲率半径.

第三章 微分中值定理与导数的应用 测试题

1. 填空题:(每小空 2 分,共 8 分)

    (1) 设 $\lim\limits_{x\to a}\dfrac{f(x)-f(a)}{(x-a)^2}=1$,则 $f(a)$ _____ 极值;

    (2) 设点 $(1,3)$ 为曲线 $y=bx^3+cx^2$ 的拐点,则常数 $b=$ _____,常数 $c=$ _____;

    (3) 曲线 $y=e^{-2x}$ 在点 $M(0,1)$ 处的曲率 $K=$ _____.

2. 求下列极限:(每小题 7 分,共 28 分)

    (1) $\lim\limits_{x\to 0}\left[\dfrac{1}{\ln(1+x)}-\dfrac{1}{x}\right]$;

    (2) $\lim\limits_{x\to+\infty}x\left(\dfrac{\pi}{2}-\arctan x\right)$;

    (3) $\lim\limits_{x\to+\infty}\left(\dfrac{2}{\pi}\arctan x\right)^x$;

    (4) $\lim\limits_{x\to+\infty}(\sqrt[3]{x^3+3x^2}-\sqrt[4]{x^4-2x^3})$.

3. 求函数 $f(x)=2x^3-3x^2$ 的单调区间、极值及函数图形的凹凸区间、拐点.(12 分)

4. 设函数 $f(x)=a\ln x+bx^2+x$ 在 $x_1=1$ 与 $x_2=2$ 处取得极值,求常数 a、b. 问:$f(x)$ 在 x_1、x_2 处取得极大值还是极小值?(12 分)

5. 设函数 $f(x)$ 在 $[a,b]$ 上连续,在 (a,b) 内 $f''(x)>0$,证明: $g(x)=\dfrac{f(x)-f(a)}{x-a}$ 在 (a,b) 内单调增加. (10 分)

6. 证明: 当 $x>0$ 时, $1+x\ln(x+\sqrt{1+x^2})>\sqrt{1+x^2}$. (10 分)

7. 设函数 $f(x)$ 在 $[0,1]$ 上连续, 在 $(0,1)$ 内可导, 证明: 在 $(0,1)$ 内至少存在一点 ξ, 使得 $2\xi[f(1)-f(0)]=f'(\xi)$. (10 分)

8. 证明: 方程 $x\ln x - 2 = 0$ 在 $[1,e]$ 内有且仅有一个实根. (10 分)

第四章 不定积分

第一节 不定积分的概念与性质

一、梳理主要内容

1. **原函数的定义**：若 $\forall x \in I$（区间），有 $F'(x) = f(x)$，则称函数 $F(x)$ 为 $f(x)$ 在区间 I 上的一个原函数.

2. **原函数的性质**：

   (1) 若函数 $F(x)$ 为函数 $f(x)$ 在区间 I 上的一个原函数，则对于任意常数 C，函数 $F(x)+C$ 也是 $f(x)$ 在区间 I 上的原函数.

   (2) 若函数 $F(x)$、$G(x)$ 是 $f(x)$ 在区间 I 上的任意两个原函数，则 $G(x) = F(x) + C$，其中 C 为任意常数.

3. **原函数的存在定理**：如果函数 $f(x)$ 在区间 I 上连续，那么在区间 I 上存在可导函数 $F(x)$，使得对任一 $x \in I$，有 $F'(x) = f(x)$.

4. **不定积分的定义**：称函数 $f(x)$ 在区间 I 上的全体原函数为 $f(x)$ 在区间 I 上的不定积分，记作 $\int f(x) \mathrm{d}x$.

   注：如果 $f(x)$ 在区间 I 上的一个原函数为 $F(x)$，则 $F(x)+C$ 就是 $f(x)$ 在 I 上的全体原函数，即有 $\int f(x) \mathrm{d}x = F(x) + C$（$C$ 为任意常数）.

5. **不定积分的几何意义**：$\int f(x) \mathrm{d}x$ 在几何上表示积分曲线簇 $y = F(x) + C$，其图形可以由曲线 $y = F(x)$ 沿 y 轴的方向上下平行移动而得到.

6. **不定积分运算是求导运算的逆运算**：$\left[\int f(x) \mathrm{d}x \right]' = f(x)$，$\int f'(x) \mathrm{d}x = f(x) + C$；

   $\mathrm{d}\left[\int f(x) \mathrm{d}x \right] = f(x) \mathrm{d}x$，$\int \mathrm{d}f(x) = f(x) + C$.

7. **不定积分的线性性质**：$\int k f(x) \mathrm{d}x = k \int f(x) \mathrm{d}x$，其中常数 $k \neq 0$；

   $\int [f(x) \pm g(x)] \mathrm{d}x = \int f(x) \mathrm{d}x \pm \int g(x) \mathrm{d}x$.

8. **常用的不定积分基本积分公式**：

   (1) $\int k \mathrm{d}x = kx + C$（$k$ 是常数）；　　(2) $\int x^\mu \mathrm{d}x = \dfrac{x^{\mu+1}}{\mu+1} + C$（$\mu \neq -1$）；

(3) $\int \dfrac{dx}{x} = \ln|x| + C$;

(4) $\int \dfrac{1}{1+x^2} dx = \arctan x + C$;

(5) $\int \dfrac{1}{\sqrt{1-x^2}} dx = \arcsin x + C$;

(6) $\int \cos x\, dx = \sin x + C$;

(7) $\int \sin x\, dx = -\cos x + C$;

(8) $\int \dfrac{dx}{\cos^2 x} = \int \sec^2 x\, dx = \tan x + C$;

(9) $\int \dfrac{dx}{\sin^2 x} = \int \csc^2 x\, dx = -\cot x + C$;

(10) $\int \sec x \tan x\, dx = \sec x + C$;

(11) $\int \csc x \cot x\, dx = -\csc x + C$;

(12) $\int e^x dx = e^x + C$;

(13) $\int a^x dx = \dfrac{a^x}{\ln a} + C$. (实常数 $a > 0, a \ne 1$)

二、必做题型

1. (1) $d\left[\int f\left(\dfrac{1}{x}\right) dx\right] = $ _____ ;

   (2) 若 $\int f(x) dx = 2\sin \dfrac{x}{2} + C$,则 $f(x) = $ _____.

2. 设函数 $f(x)$ 的导函数为 $\sin x$,则 $f(x)$ 的一个原函数为(   ).

   (A) $1 + \sin x$ (B) $1 - \sin x$ (C) $1 + \cos x$ (D) $1 - \cos x$

3. 求下列不定积分:

   (1) $\int (2^x - 3^x)^2 dx$;

   (2) $\int \dfrac{1 - \cos x}{1 - \cos 2x} dx$;

(3) $\int \dfrac{dx}{\sin^2 x \cos^2 x}$;

(4) $\int \dfrac{2x^2+1}{x^2(x^2+1)} dx$;

(5) $\int 2^x (e^x - 3) dx$;

(6) $\int \left(\dfrac{1}{\sqrt{x}} - \dfrac{5}{1+x^2} + \dfrac{3}{x^2} - \dfrac{2}{\sqrt{1-x^2}} + 6 \right) dx$.

4. 证明：$\dfrac{1}{2}\sin^2 x$，$-\dfrac{1}{2}\cos^2 x$，$-\dfrac{1}{4}\cos 2x$ 都是 $\sin x \cos x$ 的原函数，并根据这三个原函数写出 $\int \sin x \cos x \, dx$ 的三种表示形式.

5. 设 $\int \dfrac{x^2}{\sqrt{1-x^2}} dx = ax\sqrt{1-x^2} + b\int \dfrac{dx}{\sqrt{1-x^2}}$，求常数 a、b.

第二节 第一类换元法(凑微分法)

一、梳理主要内容

1. **定理**：设 $f(u)$ 具有原函数 $F(u)$，且 $u = \varphi(x)$ 可导，则有 $\int f[\varphi(x)] \cdot \varphi'(x) \mathrm{d}x = \int f(u) \mathrm{d}u = F(u) + C = F[\varphi(x)] + C.$（该方法称为第一类换元法，或凑微分法）

2. **第一类换元法的适用对象**：主要用于求 $\int g(x) \mathrm{d}x$，如果 $g(x) = f[\varphi(x)] \cdot \varphi'(x)$，通过作换元 $u = \varphi(x)$，可以将求函数 $g(x)$ 的积分转化为求函数 $f(u)$ 的积分，最后用 $u = \varphi(x)$ 回代.

3. **常用的凑微分式子**：

   (1) $\mathrm{d}x = \dfrac{1}{a}\mathrm{d}(ax + C)$；   (2) $x\mathrm{d}x = \dfrac{1}{2}\mathrm{d}(x^2 + C)$；

   (3) $\dfrac{1}{x}\mathrm{d}x = \mathrm{d}(\ln|x| + C)$；   (4) $\dfrac{1}{x^2}\mathrm{d}x = -\mathrm{d}\left(\dfrac{1}{x} + C\right)$；

   (5) $\dfrac{1}{\sqrt{x}}\mathrm{d}x = 2\mathrm{d}(\sqrt{x} + C)$；   (6) $\dfrac{1}{1 + x^2}\mathrm{d}x = \mathrm{d}(\arctan x + C)$；

   (7) $\dfrac{1}{\sqrt{1 - x^2}}\mathrm{d}x = \mathrm{d}(\arcsin x + C)$；   (8) $e^x \mathrm{d}x = \mathrm{d}(e^x + C)$；

   (9) $\sin x \mathrm{d}x = -\mathrm{d}(\cos x + C)$；   (10) $\cos x \mathrm{d}x = \mathrm{d}(\sin x + C)$；

   (11) $\sec^2 x \mathrm{d}x = \mathrm{d}(\tan x + C)$；   (12) $\csc^2 x \mathrm{d}x = -\mathrm{d}(\cot x + C)$；

   (13) $\sec x \tan x \mathrm{d}x = \mathrm{d}(\sec x + C)$；   (14) $\csc x \cot x \mathrm{d}x = -\mathrm{d}(\csc x + C)$.

4. **可以直接引用的重要公式**：

   (1) $\int \dfrac{\mathrm{d}x}{a^2 + x^2} = \dfrac{1}{a} \arctan\left(\dfrac{x}{a}\right) + C$；   (2) $\int \dfrac{\mathrm{d}x}{\sqrt{a^2 - x^2}} = \arcsin \dfrac{x}{a} + C$；

   (3) $\int \dfrac{\mathrm{d}x}{x^2 - a^2} = \dfrac{1}{2a}\ln\left|\dfrac{x - a}{x + a}\right| + C$；   (4) $\int \tan x \mathrm{d}x = -\ln|\cos x| + C$；

   (5) $\int \cot x \mathrm{d}x = \ln|\sin x| + C$；   (6) $\int \sec x \mathrm{d}x = \ln|\sec x + \tan x| + C$；

   (7) $\int \csc x \mathrm{d}x = \ln|\csc x - \cot x| + C.$

二、必做题型

1. 设 $\int f(x)\,dx = F(x) + C$，问：

   (1) $\int f(u)\,du = F(u) + C$ 是否成立？

   (2) $\int f(2x)\,d(2x) = F(2x) + C$ 是否成立？

   (3) $\int f(2x)\,dx = F(2x) + C$ 是否成立？

2. $\int f'(2x)\,dx = (\quad)$.

   (A) $\dfrac{1}{2}f(2x) + 1$ \qquad\qquad (B) $f(2x) + 1$

   (C) $\dfrac{1}{2}f(2x) + C$ \qquad\qquad (D) $f(2x) + C$

3. 求下列不定积分：

   (1) $\int \dfrac{\sin(\sqrt{x} + 1)}{\sqrt{x}}\,dx$；\qquad (2) $\int \dfrac{dx}{\sqrt{x}(1 + x)}$；

   (3) $\int \dfrac{dx}{(\arcsin x)^2 \sqrt{1 - x^2}}$；\qquad (4) $\int \dfrac{dx}{x(2 + 5\ln x)}$；

(5) $\int \dfrac{\mathrm{d}x}{\sqrt{x-x^2}}$;

(6) $\int \dfrac{\mathrm{d}x}{\cos^2 x \sqrt{\tan x}}$;

(7) $\int \sin^3 x \mathrm{d}x$;

(8) $\int \dfrac{x-1}{x^2+2x+3} \mathrm{d}x$.

(9) $\int \dfrac{x}{\sqrt{2-3x^2}} \mathrm{d}x$;

(10) $\int \dfrac{\mathrm{d}x}{1+\mathrm{e}^x}$.

第三节 第二类换元法

一、梳理主要内容

1. **定理**：设函数 $x = \phi(t)$ 单调、可导，且 $\phi'(t) \neq 0$. 又设 $f[\phi(t)] \cdot \phi'(t)$ 具有原函数 $F(t)$，则 $\int f(x)dx = \int f[\phi(t)] \cdot \phi'(t)dt = F(t) + C = F[\phi^{-1}(x)] + C$. 其中 $\phi^{-1}(x)$ 是 $x = \phi(t)$ 的反函数，C 为任意常数. (该方法称为第二类换元法)

2. **常用的代换有**：

   (1) 三角代换：若被积函数含 $\sqrt{a^2 - x^2}$，可令 $x = a\sin t \left(-\dfrac{\pi}{2} < t < \dfrac{\pi}{2}\right)$，或 $x = a\cos t$ $(0 < t < \pi)$；若被积函数含 $\sqrt{a^2 + x^2}$，可令 $x = a\tan t \left(-\dfrac{\pi}{2} < t < \dfrac{\pi}{2}\right)$，或 $x = a\mathrm{sh}\, t$；若被积函数含 $\sqrt{x^2 - a^2}$，可令 $x = a\sec t \left(0 < t < \dfrac{\pi}{2}\right)$，或 $x = a\mathrm{ch}\, t$. (作上述换元变换的目的在于去掉根号)

   (2) 倒代换 $x = \dfrac{1}{t}$：一般用于被积函数分母所含 x 的最高幂次比分子所含 x 的最高幂次至少高 2 次的情形.

3. **可以直接引用的重要公式**：$\int \dfrac{1}{\sqrt{x^2 \pm a^2}}dx = \ln|x + \sqrt{x^2 \pm a^2}| + C$.

二、必做题型

1. 求下列不定积分：

   (1) $\displaystyle\int \dfrac{x+2}{\sqrt{2x+1}}dx$ ；

   (2) $\displaystyle\int \dfrac{dx}{\sqrt{1+e^x}}$ ；

(3) $\int \dfrac{\sqrt{4-x^2}}{x}\mathrm{d}x$;

(4) $\int \dfrac{\mathrm{d}x}{\sqrt{(x^2+1)^3}}$;

(5) $\int \dfrac{\mathrm{d}x}{x\sqrt{x^2-1}}$;

(6) $\int \dfrac{\mathrm{d}x}{x(x^{10}+1)}$.

2. 应如何换元,才能简便求得不定积分 $\int \dfrac{x^3}{\sqrt{1+x^2}}\mathrm{d}x$.

第四节 分部积分法

一、梳理主要内容

1. 分部积分公式：$\int uv'dx = uv - \int u'vdx$，或 $\int udv = uv - \int vdu$.

2. 分部积分公式中 $u、v$ 的选取原则：使积分 $\int vdu$ 比 $\int udv$ 容易求得. 一般地, 当被积函数为反三角函数、对数函数、幂函数、指数函数、三角函数中一类或任两类乘积时, 需用分部积分公式. 可按如下口诀选取 u：反、对、幂、指、三, 序在前的选做 u.

   注：若被积函数为以上三类函数的乘积时, 不能利用该口诀.

二、必做题型

1. 求下列不定积分：

   (1) $\int \ln x dx$;

   (2) $\int \arctan x dx$;

   (3) $\int x \arctan x dx$;

   (4) $\int x^2 \ln x dx$;

   (5) $\int \dfrac{\ln\cos x}{\cos^2 x} dx$;

   (6) $\int \sqrt{x^2 + a^2} dx \ (a > 0)$;

(7) $\int \dfrac{\ln(1+x)}{\sqrt{x}}\mathrm{d}x$;   (8) $\int \mathrm{e}^{2x}\sin 3x\,\mathrm{d}x$.

2. 设函数 $f(x) = \dfrac{\sin x}{x}$, 求 $\int xf''(x)\,\mathrm{d}x$.

3. 设 $\int f'(\sqrt{x})\,\mathrm{d}x = x(\mathrm{e}^{\sqrt{x}} + 1) + C$, 求 $f(x)$.

4. 求 $\int \cos(\ln x)\,\mathrm{d}x$.

5. 求 $I_n = \int \dfrac{\mathrm{d}x}{(x^2 + a^2)^n}$ 的递推公式. $(n \in \mathbf{N}_+)$

第五节　有理函数的不定积分

一、梳理主要内容

1. **有理函数**：$R(x) = \dfrac{P(x)}{Q(x)} = \dfrac{a_0 x^n + a_1 x^{n-1} + a_2 x^{n-2} + \cdots + a_{n-1} x + a_n}{b_0 x^m + b_1 x^{m-1} + b_2 x^{m-2} + \cdots + b_{m-1} x + b_m}$，即两个实系数多项式之商所表示的函数. 其中 m、n 是非负整数，$P(x)$ 与 $Q(x)$ 互质.

2. **有理函数的分类**：当 $n < m$ 时，$R(x)$ 称为真分式；

   当 $n \geq m$ 时，$R(x)$ 称为假分式.（假分式总可以化为多项式与真分式之和）

3. **求有理真分式不定积分的步骤**：

   (1) 把分母分解为若干个一次因式与二次质因式的乘积：
   $$Q(x) = b_0 (x-a)^\alpha \cdots (x-b)^\beta (x^2 + px + q)^\lambda \cdots (x^2 + px + q)^\mu.$$

   (2) 把真分式化为部分分式之和：

   若分母 $Q(x)$ 中含一次因式 $(x-a)^\alpha$，则真分式的部分分式中含有以下 α 项之和
   $$\dfrac{A_1}{(x-a)^\alpha} + \dfrac{A_2}{(x-a)^{\alpha-1}} + \cdots + \dfrac{A_\alpha}{x-a},$$
   其中 $A_1, A_2, \cdots, A_\alpha$ 是待定常数；若分母 $Q(x)$ 中含二次质因式 $(x^2 + px + q)^\lambda$，则真分式的部分分式中含有以下 λ 项之和：
   $$\dfrac{M_1 x + N_1}{(x^2 + px + q)^\lambda} + \dfrac{M_2 x + N_2}{(x^2 + px + q)^{\lambda-1}} + \cdots + \dfrac{M_\lambda x + N_\lambda}{x^2 + px + q},$$
   其中 $M_1, M_2, \cdots, M_\lambda, N_1, N_2, \cdots, N_\lambda$ 是待定常数. 如此，可根据 $Q(x)$ 的所有一次、二次因式，有理真分式 $\dfrac{P(x)}{Q(x)}$ 化为部分分式之和.

   (3) 通分，再比较两边同次幂的系数，或代特殊值，即可确定部分分式的待定系数.

   (4) 求各部分分式的不定积分，再加上任意常数 C，即得所求有理函数真分式的不定积分.

   注：以上步骤是可行的，但不一定是最简单的方法. 求不定积分时，一般优先考虑凑微分法.

4. 有理假分式的不定积分等于多项式与真分式的不定积分之和. 有理函数的原函数都是初等函数.

5. **可化为有理函数不定积分的类型**：

   (1) 三角函数有理式：由常数和三角函数经过有限次四则运算所得到的函数，其不定积

分可记为 $\int R(\sin x, \cos x)\,dx$. 利用万能代换公式，令 $u = \tan\dfrac{x}{2}$，则 $\sin x = \dfrac{2u}{1+u^2}$，$\cos x = \dfrac{1-u^2}{1+u^2}$，$dx = \dfrac{2}{1+u^2}du$. 由第二类换元法，可转化为有理函数的不定积分.

(2) 简单的无理式：形如 $\int R(x, \sqrt[n]{ax+b})\,dx$，令 $t = \sqrt[n]{ax+b}$；形如 $\int R\left(x, \sqrt[n]{\dfrac{ax+b}{cx+d}}\right)dx$，令 $t = \sqrt[n]{\dfrac{ax+b}{cx+d}}$；形如 $\int R(x, \sqrt[n]{ax+b}, \sqrt[m]{ax+b})\,dx$，令 $t = \sqrt[p]{ax+b}$（p 为 m，n 的最小公倍数），可转化为有理函数的不定积分.

注：以上求积分的方法不一定是最简单的方法，求不定积分时，一般优先考虑凑积分法.

6. **有些函数的原函数不能用初等函数表示**：对初等函数来说，在其定义区间上连续，所以它的原函数一定存在，但有些原函数不一定是初等函数，例如：$\int e^{-x^2}dx$，$\int \dfrac{\sin x}{x}dx$，$\int \dfrac{dx}{\ln x}$，$\int \sqrt{1+x^3}\,dx$，$\int \sin(x^2)\,dx$，$\int \sqrt{1-k\sin^2 x}\,dx\ (0<k<1)$，$\int \dfrac{1}{\sqrt{1+x^4}}dx$ 等，我们称这些积分是"积不出来的".

二、必做题型

求下列不定积分：

(1) $\int \dfrac{2x+3}{x^3+x^2-2x}dx$；

(2) $\int \dfrac{x^3}{(1-x^2)^5}dx$；

(3) $\int \dfrac{dx}{1+\sqrt[3]{x+1}}$；

(4) $\int \dfrac{dx}{\sqrt{x}(1+\sqrt[3]{x})}$；

(5) $\int \dfrac{\mathrm{d}x}{2+\cos x}$;

(6) $\int \dfrac{\mathrm{d}x}{x^4-1}$;

(7) $\int \dfrac{\sin x}{1+\sin x}\mathrm{d}x$;

(8) $\int \dfrac{\sin x}{\sin x+\cos x}\mathrm{d}x$;

(9) $\int \dfrac{1}{x}\sqrt{\dfrac{1+x}{x}}\mathrm{d}x$.

第四章 不定积分 测试题

1. 填空题:(每小空 2 分,共 8 分)

   (1) 设 $\int f(x)\mathrm{d}x = x\ln x + C$,则 $f'(x) =$ _____;

   (2) 设 $\int f(x)\mathrm{d}x = F(x) + C$,则 $\int f(-2x+3)\mathrm{d}x =$ _____;

   (3) 设 $\dfrac{\sin x}{x}$ 是 $f(x)$ 的一个原函数,则 $\int xf'(x)\mathrm{d}x =$ _____;

   (4) 设 $f'(x) = \dfrac{1}{x(1+2\ln x)}$,且 $f(1) = 1$,则 $f(x) =$ _____.

2. 计算下列不定积分:(每小题 8 分,共 64 分)

   (1) $\displaystyle\int \dfrac{\mathrm{d}x}{x(x^2+1)}$;

   (2) $\displaystyle\int \dfrac{\mathrm{d}x}{e^x + e^{-x}}$;

   (3) $\displaystyle\int \dfrac{\mathrm{d}x}{x\sqrt{4-x^2}}$;

   (4) $\displaystyle\int (|x| + 2)\mathrm{d}x$;

   (5) $\displaystyle\int \ln(4+x^2)\mathrm{d}x$;

   (6) $\displaystyle\int e^x \cdot \dfrac{1+\sin x}{1+\cos x}\mathrm{d}x$;

(7) $\int \dfrac{\ln(e^x+1)}{e^x}dx$;

(8) $\int \dfrac{x e^x}{(1+x)^2}dx$.

3. 设曲线上点 (x,y) 处的切线斜率与 x^3 成正比，且曲线通过 $A(1,-6)$ 和 $B(2,9)$，求该曲线的方程.（10 分）

4. 设 $f'(3x-1)=e^x$，求 $f(x)$.（8 分）

5. 设 $\int \sqrt{1-x^2}f(x)dx = x\cdot\arcsin x + C$，求 $\int f(x)dx$.（10 分）

第五章 定 积 分

第一节 定积分的概念

一、梳理主要内容

1. **定积分的定义**：设函数 $f(x)$ 在 $[a,b]$ 上有界，若对于 $[a,b]$ 的任一分割：$a = x_0 < x_1 < x_2 < \cdots < x_{n-1} < x_n = b$，在每个小区间 $[x_{i-1}, x_i]$ 上任取一点 $\xi_i (i = 1, 2, \cdots, n)$，记 $\Delta x_i = x_i - x_{i-1}$，$i = 1, 2, \cdots, n$，$\lambda = \max\limits_{1 \leq i \leq n}\{\Delta x_i\}$，当 $\lambda \to 0$ 时，$\sum\limits_{i=1}^{n} f(\xi_i) \Delta x_i$ 的极限存在，则称 $f(x)$ 在 $[a,b]$ 上可积，且称该极限值为 $f(x)$ 在 $[a,b]$ 上的定积分，记作 $\int_a^b f(x) \mathrm{d}x$，即 $\int_a^b f(x) \mathrm{d}x = \lim\limits_{\lambda \to 0} \sum\limits_{i=1}^{n} f(\xi_i) \Delta x_i.$（$\sum\limits_{i=1}^{n} f(\xi_i) \Delta x_i$ 与对 $[a,b]$ 的分割及 ξ_i 的取法有关，而 $\int_a^b f(x) \mathrm{d}x$ 与分割及取法无关）

   注：(1) 定积分是一个数值.（不定积分是原函数的全体）

   (2) 定积分的值仅与被积函数 $f(x)$ 及积分区间有关,而与积分变量的记法无关,即有
   $$\int_a^b f(x)\mathrm{d}x = \int_a^b f(u)\mathrm{d}u = \int_a^b f(v)\mathrm{d}v.$$

   (3) $\lambda \to 0$ 一定有 $n \to \infty$，反之不一定成立.

   (4) 可积的必要条件：若 $f(x)$ 在 $[a,b]$ 上可积，则 $f(x)$ 在 $[a,b]$ 上一定有界.

2. **可积的函数类(充分条件)**：

   (1) 设 $f(x)$ 在 $[a,b]$ 上连续，则 $f(x)$ 在 $[a,b]$ 上可积.

   (2) 设 $f(x)$ 在 $[a,b]$ 上有界，且只有有限个间断点，则 $f(x)$ 在 $[a,b]$ 上可积.

3. **定积分的几何意义与物理意义**：

   (1) 几何意义：定积分 $\int_a^b f(x)\mathrm{d}x$ 表示由曲线 $y = f(x)$，直线 $x = a$、$x = b$ 与 x 轴所围成的曲边梯形面积的代数和.

   (2) 物理意义：定积分 $\int_a^b v(t)\mathrm{d}t$ 表示速度函数为 $v = v(t)$ 的变速直线运动的物体，在时间段 $[a,b]$ 上所走过的路程.

二、必做题型

1. 判断下列说法的正确性：

(1) 若$f(x)$在$[a,b]$上可积,则$f(x)$在$[a,b]$上有界.

(2) 若$f(x)$在$[a,b]$上有界,则$f(x)$在$[a,b]$上可积.

(3) 若$f(x)$在$[a,b]$上连续,则$f(x)$在$[a,b]$上可积.

(4) 若$f(x)$在(a,b)内有原函数,则$f(x)$在$[a,b]$上可积.

2. 利用定积分的定义,求$\int_0^1 e^x dx$.

3. 利用定积分的几何意义,求:

(1) $\int_a^b x dx$;　　　　　　(2) $\int_0^1 \sqrt{1-x^2} dx$.

4. 利用定积分的定义,求下列和式的极限:

(1) $\lim\limits_{n\to\infty}\left(\dfrac{1}{n+1}+\dfrac{1}{n+2}+\cdots+\dfrac{1}{n+n}\right)$;　　(2) $\lim\limits_{n\to\infty}\dfrac{1^p+2^p+\cdots+n^p}{n^{p+1}}$.

5. 设$f(x)$为连续函数,且$f(x)=x+2\int_0^1 f(x)dx$,求$f(x)$.

第二节 定积分的性质

一、梳理主要内容

1. **性质1**：若 $f(x)$ 在 $[a,b]$ 上可积，k 是任意常数，则 $kf(x)$ 在 $[a,b]$ 上也可积，且
$$\int_a^b kf(x)\,dx = k\int_a^b f(x)\,dx.$$

2. **性质2**：若 $f(x)$ 与 $g(x)$ 在 $[a,b]$ 上可积，则 $f(x) \pm g(x)$ 在 $[a,b]$ 上也可积，且
$$\int_a^b [f(x) \pm g(x)]\,dx = \int_a^b f(x)\,dx \pm \int_a^b g(x)\,dx.$$（有限多个可积函数的代数和也可积）

3. **性质3(对区间的可加性)**：若 $f(x)$ 在 $[a,b]$、$[a,c]$、$[c,b]$ 上均可积，则
$$\int_a^b f(x)\,dx = \int_a^c f(x)\,dx + \int_c^b f(x)\,dx.$$（与 a、b、c 的相对位置无关）

4. **性质4**：$\int_a^b dx = b - a.$

5. **性质5(单调性)**：若 $f(x) \geq 0$，$x \in [a,b]$，则 $\int_a^b f(x)\,dx \geq 0$。

    推论：(1) 若 $f(x)$ 和 $g(x)$ 在 $[a,b]$ 上都可积，且 $\forall x \in [a,b]$，有 $f(x) \leq g(x)$，则
$$\int_a^b f(x)\,dx \leq \int_a^b g(x)\,dx;$$

    (2) $\left|\int_a^b f(x)\,dx\right| \leq \int_a^b |f(x)|\,dx.$

6. **性质6(估值定理)**：设 $f(x)$ 在 $[a,b]$ 上可积，且 $m \leq f(x) \leq M$，则
$$m(b-a) \leq \int_a^b f(x)\,dx \leq M(b-a).$$

7. **性质7(定积分中值定理)**：设函数 $f(x)$ 在 $[a,b]$ 上连续，则在 $[a,b]$ 上至少存在一点 ξ，使 $\int_a^b f(x)\,dx = f(\xi)(b-a).$

8. **积分第一中值定理**：设函数 $f(x)$ 在 $[a,b]$ 上连续，$g(x)$ 在 $[a,b]$ 上可积，且 $g(x)$ 在 $[a,b]$ 上恒不变号，则在 $[a,b]$ 上至少存在一点 ξ，使 $\int_a^b f(x)g(x)\,dx = f(\xi)\int_a^b g(x)\,dx.$

9. 函数 $f(x)$ 在 $[a,b]$ 上的平均值可表示为：$\dfrac{\int_a^b f(x)\,dx}{(b-a)}.$

10. **两个定积分大小的比较**：设 $f(x)$ 和 $g(x)$ 都在 $[a,b]$ 上连续．$\forall x \in [a,b]$，有 $f(x) \leq g(x)$，且 $f(x) \not\equiv g(x)$，则 $\int_a^b f(x)\,dx < \int_a^b g(x)\,dx.$

二、必做题型

1. 比较下列各对积分值的大小：

   (1) $\int_0^1 \sqrt[3]{x}\,dx$ 与 $\int_0^1 x^3\,dx$；

   (2) $\int_1^2 \ln x\,dx$ 与 $\int_1^2 (\ln x)^2\,dx$；

   (3) $\int_0^1 e^x\,dx$ 与 $\int_0^1 (1+x)\,dx$.

2. 估计定积分的值：$\int_{\frac{1}{\sqrt{3}}}^{\sqrt{3}} x \cdot \arctan x\,dx$.

3. 已知物体做自由落体运动，速度为 $v = gt$，计算物体从 0 秒至 T 秒这段时间内的平均速度.(g 为重力加速度)

4. 设函数 $f(x)$ 在 $[0,1]$ 上连续，在 $(0,1)$ 内可导，且 $3\int_{\frac{2}{3}}^1 f(x)\,dx = f(0)$，证明：在 $(0,1)$ 内至少存在一点 ξ，使得 $f'(\xi) = 0$.

第三节 积分上限函数及其性质

一、梳理主要内容

1. **积分上限函数的定义**：设 $f(x)$ 在 $[a,b]$ 上连续，则对 $\forall x \in [a,b]$，定积分 $\int_a^x f(t)\,dt$ 存在，如此，确定了 $[a,b]$ 上的一个函数，记为 $\Phi(x)$，即 $\Phi(x) = \int_a^x f(t)\,dt$，$x \in [a,b]$. ($t$ 是积分变量，$\Phi(x)$ 的自变量是 x，$\Phi(x)$ 与 t 无关)

2. **积分上限函数的性质**：(1) 设 $f(x)$ 在 $[a,b]$ 上连续，则 $\Phi(x) = \int_a^x f(t)\,dt$ 在 $[a,b]$ 上可导，且 $\Phi'(x) = \dfrac{d}{dx}\int_a^x f(t)\,dt = f(x)$，$x \in [a,b]$. (连续函数存在原函数)

   (2) 设 $f(x)$ 在 $[a,b]$ 上可积，则 $\Phi(x) = \int_a^x f(t)\,dt$ 在 $[a,b]$ 上连续.

3. **积分上限函数的导数**：设 $f(x)$ 在 $[a,b]$ 上连续，则 $\dfrac{d}{dx}\int_a^x f(t)\,dt = f(x)$；$\dfrac{d}{dx}\int_x^b f(t)\,dt = -f(x)$；$\dfrac{d}{dx}\int_a^{\phi(x)} f(t)\,dt = f[\phi(x)]\phi'(x)$；$\dfrac{d}{dx}\int_{\psi(x)}^b f(t)\,dt = -f[\psi(x)]\cdot\psi'(x)$；

   $\dfrac{d}{dx}\int_{\psi(x)}^{\phi(x)} f(t)\,dt = \dfrac{d}{dx}\left[\int_{\psi(x)}^c f(t)\,dt + \int_c^{\phi(x)} f(t)\,dt\right] = f[\phi(x)]\phi'(x) - f[\psi(x)]\psi'(x)$.

二、必做题型

1. 判断下列说法的正确性：

   (1) 设 $y = \int_0^{\sqrt{x}} \sin(t^2)\,dt$，则 y 是 x 的函数，与 t 无关.

   (2) $\int_0^{\sqrt{x}} t\sin(t^2)\,dt = t\int_0^{\sqrt{x}} \sin(t^2)\,dt$.

   (3) $\int_0^{\sqrt{x}} x\sin(t^2)\,dt = x\int_0^{\sqrt{x}} \sin(t^2)\,dt$.

2. 求下列函数的导数 $\dfrac{dy}{dx}$：

   (1) $y = \int_0^{x^2} \sin\sqrt{1+t^2}\,dt$；　　　　　　(2) $y = \int_{\frac{1}{x}}^{\ln x} f(t)\,dt$.

3. 设方程 $\int_0^y e^t dt + \int_0^x \cos t dt = 0$ 确定了 y 是 x 的函数 $y = y(x)$，求 $\dfrac{dy}{dx}$.

4. 求 $\lim\limits_{x \to 0} \dfrac{\int_0^{x^2} \sin^{\frac{3}{2}} t dt}{\int_0^x t(t - \sin t) dt}$.

5. 设函数 $f(x) = \begin{cases} 2x, & 0 \leqslant x \leqslant 1, \\ x^2, & 1 < x \leqslant 2, \end{cases}$ 求 $\Phi(x) = \int_0^x f(t) dt$ 在 $[0, 2]$ 上的表达式.

6. 设函数 $f(x)$ 在 $[a, b]$ 上连续，且 $f(x) > 0$，证明：方程 $\int_a^x f(t) dt + \int_b^x \dfrac{dt}{f(t)} = 0$ 在 (a, b) 内有且仅有一个实根.

第四节 牛顿-莱布尼茨公式

一、梳理主要内容

1. **微积分基本定理**：设 $f(x)$ 在 $[a,b]$ 上连续，且 $F(x)$ 为 $f(x)$ 在 $[a,b]$ 上的一个原函数，则 $\int_a^b f(x)\mathrm{d}x = F(b) - F(a)$. （该公式称为牛顿-莱布尼茨公式）

2. **微积分基本定理的条件可减弱为**：设 $f(x)$ 在 $[a,b]$ 上可积，且存在 $[a,b]$ 上一个可微函数 $F(x)$，使 $F'(x) = f(x)$，则 $\int_a^b f(x)\mathrm{d}x = F(b) - F(a)$.（$F(x)$ 还可减弱为：(1) $F(x)$ 在 $[a,b]$ 上连续；(2) $F(x)$ 在 (a,b) 内可导，且 $F'(x) = f(x)$）

3. **牛顿-莱布尼茨公式表明**：

   (1) 若 $f(x)$ 在 $[a,b]$ 上连续，则 $\Phi(x) = \int_a^x f(t)\mathrm{d}t$ 是 $f(x)$ 在 $[a,b]$ 上的一个原函数；

   (2) $f(x)$ 在 $[a,b]$ 上连续，是 $f(x)$ 在 $[a,b]$ 上存在不定积分的充分条件；

   (3) 揭示了定积分与原函数之间的内在联系，它把定积分的计算问题转化为求原函数的问题，从而给定积分的计算提供了一个简便而有效的方法.

二、必做题型

1. 求下列定积分：

   (1) $\int_{-1}^{\sqrt{3}} \dfrac{\mathrm{d}x}{1+x^2}$；

   (2) $\int_{-2}^{-1} \dfrac{\mathrm{d}x}{x}$；

   (3) $\int_0^{\pi} \sin x\,\mathrm{d}x$；

   (4) $\int_0^3 f(x)\mathrm{d}x$，其中 $f(x) = \begin{cases} x, & 0 \leqslant x \leqslant 1, \\ \mathrm{e}^x, & 1 < x \leqslant 3. \end{cases}$

2. 已知物体做自由落体运动,速度为 $v = gt$,求物体从 0 秒至 T 秒这段时间内经过的路程 S. (g 为重力加速度)

3. 求 $\lim\limits_{n \to \infty} \dfrac{1}{n}\left[\sin\dfrac{\pi}{n} + \sin\dfrac{2\pi}{n} + \cdots + \sin\dfrac{n\pi}{n}\right]$.

4. 设 $f(x) = x^2 - x\int_0^2 f(x)\,dx + 2\int_0^1 f(x)\,dx$,求 $f(x)$.

第五节 定积分的换元积分法

一、梳理主要内容

1. **定理**：设函数 $f(x)$ 在 $[a,b]$ 上连续，$x=\varphi(t)$ 满足：(1) $\varphi'(t)$ 在 $[\alpha,\beta]$ 或 $[\beta,\alpha]$ 上连续；(2) $\varphi(\alpha)=a$，$\varphi(\beta)=b$；(3) 当 t 从 α 变到 β 时，$x=\varphi(t)$ 中的 x 相应地从 a 变到 b，则 $\int_a^b f(x)dx = \int_\alpha^\beta f[\varphi(t)]\varphi'(t)dt$. (该公式称为定积分的换元公式)

2. 定积分的换元公式的注记：(1) 换元同时换限；

   (2) α 不一定小于 β. (如：$\int_0^1 \frac{1}{\sqrt{1-x^2}}dx \xrightarrow{x=\cos t} \int_{\frac{\pi}{2}}^0 \frac{1}{\sqrt{1-\cos^2 t}}d\cos t$)

   (3) 公式 $\int_a^b f(x)dx = \int_\alpha^\beta f[\varphi(t)]\varphi'(t)dt$ 从左到右用，对应于不定积分的第二类换元积分公式；从右到左用，对应于不定积分的第一类换元积分公式.

3. **重要结论**：

   (1) 设函数 $f(x)$ 在 $[-a,a]\,(a>0)$ 上连续，则 $\int_{-a}^a f(x)dx = \int_0^a [f(x)+f(-x)]dx$；

   (当 $f(x)$ 为偶函数时，$\int_{-a}^a f(x)dx = 2\int_0^a f(x)dx$；当 $f(x)$ 为奇函数时，$\int_{-a}^a f(x)dx = 0$)

   (2) 设函数 $f(x)$ 在 $[0,1]$ 上连续，则 $\int_0^{\frac{\pi}{2}} f(\sin x)dx = \int_0^{\frac{\pi}{2}} f(\cos x)dx$；

   $\int_0^\pi xf(\sin x)dx = \frac{\pi}{2}\int_0^\pi f(\sin x)dx$；特别地，$\int_0^{\frac{\pi}{2}} \cos^n x\, dx = \int_0^{\frac{\pi}{2}} \sin^n x\, dx$.

   (3) 设 $f(x)$ 是以 T 为周期的连续函数，则 $\forall a \in \mathbf{R}, n \in \mathbf{N}_+$，

   $\int_a^{a+T} f(t)dt = \int_0^T f(t)dt$；$\int_a^{a+nT} f(t)dt = n\int_0^T f(t)dt$.

二、必做题型

1. 求下列定积分：

   (1) $\int_{\frac{1}{e}}^e \frac{\ln^2 x}{x}dx$；

   (2) $\int_0^{\frac{\pi}{2}} \cos^5 x \sin x\, dx$；

(3) $\int_{-5}^{5} \dfrac{x^3 \sin^2 x}{x^4 + 2x^2 + 1} dx$;

(4) $\int_{-\pi/4}^{\pi/4} (1 + \sin 2x) \cos x \, dx$;

(5) $\int_{0}^{2\pi} \sin^{2019} x \, dx$;

(6) $\int_{10\pi}^{30\pi} |\sin x| \, dx$;

(7) $\int_{0}^{2a} x\sqrt{2ax - x^2} \, dx$, 其中 $a > 0$.

2. (1) 求 $\dfrac{d}{dx} \int_{0}^{x} \sin^{100}(x - t) \, dt$;

(2) 设 $g(x) = \int_{0}^{x} t f'(x - t) \, dt$, 求 $g'(x)$.

第六节 定积分的分部积分法

一、梳理主要内容

1. **分部积分公式**：若函数 $u = u(x)$、$v = v(x)$ 在 $[a, b]$ 上具有连续导数，则

$$\int_a^b u\,dv = [uv]_a^b - \int_a^b v\,du.$$

2. **分部积分公式中 u、v 的选取原则**：同不定积分的分部积分公式中 u、v 的选取方法.

3. **Wallis 公式**：$\int_0^{\frac{\pi}{2}} \cos^n x\,dx = \int_0^{\frac{\pi}{2}} \sin^n x\,dx = $

$$\begin{cases} \dfrac{n-1}{n} \cdot \dfrac{n-3}{n-2} \cdot \cdots \cdot \dfrac{3}{4} \cdot \dfrac{1}{2} \cdot \dfrac{\pi}{2}, & n \text{ 是正偶数,} \\ \dfrac{n-1}{n} \cdot \dfrac{n-3}{n-2} \cdot \cdots \cdot \dfrac{4}{5} \cdot \dfrac{2}{3} \cdot 1, & n \text{ 是大于 1 的奇数.} \end{cases}$$

二、必做题型

1. 求下列定积分：

(1) $\int_{\frac{1}{e}}^{e} |\ln x|\,dx$；

(2) $\int_0^{\frac{1}{2}} \arcsin x\,dx$；

(3) $\int_{-\pi}^{\pi} \cos^8 \dfrac{x}{2}\,dx$；

(4) $\int_{-\frac{1}{2}}^{\frac{1}{2}} \dfrac{(1+x)\arcsin x}{\sqrt{1-x^2}}\,dx$；

(5) $\int_0^1 e^{\sqrt{x}} dx$.

2. 设 $f''(x)$ 在 $[0,1]$ 上连续，且 $f(0)=1$，$f(2)=3$，$f'(2)=5$，求 $\int_0^1 xf''(2x)dx$.

3. 设函数 $f(x)=\int_1^{x^2}\frac{\sin t}{t}dt$，求 $\int_0^1 xf(x)dx$.

4. 设函数 $f(x)$ 连续，证明：$\int_0^x \left[\int_0^t f(u)du\right]dt = \int_0^x f(t)(x-t)dt$.

第七节 反常积分

一、梳理主要内容

1. 定积分 $\int_a^b f(x)\,dx$（也称常义积分）需满足两个条件：

    （1）$[a, b]$ 是有限闭区间；

    （2）$f(x)$ 是 $[a, b]$ 上的有界函数.

2. 若 $\int_a^b f(x)\,dx$ 不同时满足上述两个条件，则称此积分为反常积分（也称广义积分）.

3. 无穷区间的反常积分有三种形式：$\int_a^{+\infty} f(x)\,dx$；$\int_{-\infty}^b f(x)\,dx$；$\int_{-\infty}^{+\infty} f(x)\,dx$.

4. 无界函数的反常积分有三种形式：$\int_a^b f(x)\,dx$ 中 b 为瑕点 $f(x)$ 在积分上限 b 的左半邻域内无界；或 a 为瑕点；或 c 为瑕点，其中 $c \in (a, b)$.

5. 反常积分收敛时结果是常数，反常积分发散时只是一种记号.

6. 反常积分收敛（下面等式右边出现的每一个极限与积分都收敛）时，有：

    $\int_a^{+\infty} f(x)\,dx = \lim\limits_{b \to +\infty} \int_a^b f(x)\,dx$；$\int_{-\infty}^b f(x)\,dx = \lim\limits_{a \to -\infty} \int_a^b f(x)\,dx$；

    $\int_{-\infty}^{+\infty} f(x)\,dx = \int_{-\infty}^c f(x)\,dx + \int_c^{+\infty} f(x)\,dx$；$a$ 为瑕点时，$\int_a^b f(x)\,dx = \lim\limits_{\varepsilon \to 0^+} \int_{a+\varepsilon}^b f(x)\,dx$；

    b 为瑕点时，$\int_a^b f(x)\,dx = \lim\limits_{\varepsilon \to 0^+} \int_a^{b-\varepsilon} f(x)\,dx$；$c$ 为瑕点时，$\int_a^b f(x)\,dx = \int_a^c f(x)\,dx + \int_c^b f(x)\,dx$.

7. 重要结论：

    （1）设 $\int_a^{+\infty} f(x)\,dx$ 收敛，$F(x)$ 是 $f(x)$ 的一个原函数，则

    $\int_a^{+\infty} f(x)\,dx = \lim\limits_{b \to +\infty} \int_a^b f(x)\,dx = \lim\limits_{b \to +\infty} [F(b) - F(a)] = F(+\infty) - F(a)$，简记为

    $\int_a^{+\infty} f(x)\,dx = F(x)\big|_a^{+\infty}$（可看作是牛顿-莱布尼茨公式的推广）.

    其他情形有类似结论：若 b 为瑕点，则 $\int_a^b f(x)\,dx = F(b^-) - F(a)$，其中 $F(b^-) = \lim\limits_{x \to b^-} F(x)$；若 a 为瑕点，则 $\int_a^b f(x)\,dx = F(b) - F(a^+)$，其中 $F(a^+) = \lim\limits_{x \to a^+} F(x)$. 若瑕点 $c \in (a, b)$，则 $\int_a^b f(x)\,dx = F(b) - F(c^+) + F(c^-) - F(a)$，其中 $F(c^+) = \lim\limits_{x \to c^+} F(x)$，$F(c^-) = \lim\limits_{x \to c^-} F(x)$.

(2) $\int_{-\infty}^{+\infty} \frac{1}{1+x^2} dx = [\arctan x]\Big|_{-\infty}^{+\infty} = \frac{\pi}{2} - \left(-\frac{\pi}{2}\right) = \pi$. 其中 $[\arctan x]\Big|_{-\infty}^{+\infty}$ 应理解成

$\lim\limits_{x\to+\infty} \arctan x - \lim\limits_{x\to-\infty} \arctan x$. 当两个极限都存在时,$\int_{-\infty}^{+\infty} \frac{1}{1+x^2} dx$ 收敛,且为常数.

(3) 反常积分收敛时才可以用牛顿-莱布尼茨公式推广形式,并且收敛的反常积分的计算,有与定积分完全类似的换元法和分部积分法.

注:有时通过换元,反常积分与常义积分可以相互转化:

$$\int_0^{+\infty} \frac{1}{(1+x^2)^2} dx = \int_0^{\frac{\pi}{2}} \frac{\sec^2 t}{\sec^4 t} dt = \int_0^{\frac{\pi}{2}} \cos^2 t\, dt = \frac{\pi}{4}.$$

(4) 无穷区间的反常积分 $\int_a^{+\infty} \frac{dx}{x^p}$,当 $p>1$ 时收敛,当 $p \le 1$ 时发散;

无界函数的反常积分 $\int_a^b \frac{dx}{(x-a)^q}$,当 $q<1$ 时收敛,当 $q \ge 1$ 时发散.

二、必做题型

1. 讨论下列反常积分的敛散性:

(1) $\int_{-1}^{1} \frac{1}{x^2} dx$;

(2) $\int_1^{+\infty} \frac{1}{x\sqrt{x-1}} dx$.

2. 求下列积分值:

(1) $\int_0^1 \frac{1}{\sqrt{1-x^2}} dx$;

(2) $\int_{\frac{1}{2}}^{\frac{3}{2}} \frac{1}{\sqrt{|x-x^2|}} dx$.

第五章 定积分 测试题

1. 填空题:(每小空 2 分,共 8 分)

    (1) $\dfrac{d}{dx}\displaystyle\int_{x^2}^{x}\cos t^2\,dt =$ _____;

    (2) 设函数 $f(x)$ 连续,且 $f(x)= 2x - 3\displaystyle\int_0^1 f(x)\,dx$,则 $f(x)=$ _____, $\displaystyle\int_0^1 f(x)\,dx =$ _____;

    (3) 位于曲线 $y = xe^{-x}(0 \leqslant x < +\infty)$ 下方,x 轴上方的图形(无界)的面积 $A =$ _____.

2. 求下列极限:(每小题 7 分,共 21 分)

    (1) $\displaystyle\lim_{x\to 0}\dfrac{\left(\int_0^x e^{t^2}\,dt\right)^2}{\int_0^x t\,e^{2t^2}\,dt}$;

    (2) $\displaystyle\lim_{x\to +\infty}\dfrac{\int_0^x (\arctan t)^2\,dt}{\sqrt{x^2+1}}$;

    (3) $\displaystyle\lim_{n\to\infty} n\left(\dfrac{1}{n^2+1^2} + \dfrac{1}{n^2+2^2} + \cdots + \dfrac{1}{n^2+n^2}\right)$.

3. 求下列定积分:(每小题 7 分,共 42 分)

    (1) $\displaystyle\int_{-\frac{\pi}{2}}^{\frac{\pi}{2}} (x^2\arctan x + \cos x)\,dx$;

    (2) $\displaystyle\int_{\frac{1}{\sqrt{2}}}^{1}\dfrac{\sqrt{1-x^2}}{x^2}\,dx$;

(3) $\int_{\frac{\pi}{4}}^{\frac{\pi}{3}} \dfrac{x}{\sin^2 x} dx$;   (4) $\int_0^{\frac{\pi}{2}} e^x \cos 2x\, dx$;

(5) $\int_0^{\pi} x\sqrt{\cos^2 x - \cos^4 x}\, dx$;   (6) $\int_0^2 \dfrac{dx}{x^2 - 5x + 4}$.

4. 设函数 $f(x) = \begin{cases} e^{-x}, & x < 0, \\ x, & x \geq 0, \end{cases}$ 求 $\Phi(x) = \int_{-1}^{x} f(t)\, dt$. (9分)

5. 设函数 $f(x) = \begin{cases} 1 + x^2, & x < 0, \\ e^x, & x \geq 0. \end{cases}$ 求 $\int_1^3 f(x-2)\, dx$. (10分)

6. 设函数 $f(x)$ 在 $[0, 1]$ 上可导, 且满足 $f(1) - 3\int_0^{\frac{1}{3}} xf(x)\, dx = 0$,

证明: 在 $(0, 1)$ 内至少存在一点 ξ, 使得 $\xi f'(\xi) + f(\xi) = 0$. (10分)

第六章 定积分的应用

第一节 定积分的元素法

一、梳理主要内容

1. 曲边梯形面积 A 可用 $\lim\limits_{\lambda \to 0}\sum\limits_{i=1}^{n} f(\xi_i)\Delta x_i$ 表示的条件：(1) 面积 A 与自变量 x 的变化区间 $[a,b]$ 有关；(2) 面积 A 对区间 $[a,b]$ 具有可加性，即 $A = \sum\limits_{i=1}^{n}\Delta A_i$；(3) 用 $f(\xi_i)\Delta x_i$ 近似代替部分量 ΔA_i 时，它们只差一个比 Δx_i 高阶的无穷小量. 几何上的面积、体积、弧长等，物理上的功、水压力、引力等量都具有这些特征，因此，它们都可用定积分表示.

2. 曲边梯形面积 A 用 $\lim\limits_{\lambda \to 0}\sum\limits_{i=1}^{n} f(\xi_i)\Delta x_i$ 表示需分四步：分割、近似、求和、取极限，可得 $A = \lim\limits_{\lambda \to 0}\sum\limits_{i=1}^{n} f(\xi_i)\Delta x_i$，其中 $\lambda = \max\limits_{1 \leqslant i \leqslant n}\Delta x_i$. 关键步骤是，确定面积 A 在第 i 个小区间 $[x_{i-1}, x_i]$ 上的部分量 ΔA_i 的近似值 $f(\xi_i)\Delta x_i$，其中 $\xi_i \in [x_{i-1}, x_i]$.

3. 由直线 $x=a$、$x=b$、$y=0$ 和连续曲线 $y=f(x)$ ($\geqslant 0$) 所围成的曲边梯形的面积 A 用定积分 $\int_a^b f(x)\,\mathrm{d}x$ 表示的基本步骤：

    (1) 作平面图形、确定积分变量 x 及积分区间 $[a,b]$；

    (2) 求面积微元 $\mathrm{d}A = f(x)\mathrm{d}x$；

    (3) 所求面积 $A = \int_a^b \mathrm{d}A = \int_a^b f(x)\,\mathrm{d}x$；

    (4) 计算定积分得面积的值.

    其他量的计算步骤是类似的.

4. **元素法**：一般地，若所求的几何量、物理量或其它的量 U 与变量 x 的变化区间 $[a,b]$ 有关，且关于区间 $[a,b]$ 具有可加性，则在 $[a,b]$ 中的任意一个小区间 $[x, x+\mathrm{d}x]$ 上找出所求量的部分量的近似值 $\mathrm{d}Q = f(x)\mathrm{d}x$，然后积分得 $Q = \int_a^b f(x)\,\mathrm{d}x$，这种方法称为元素法，也称为微元法，其中 $\mathrm{d}Q = f(x)\mathrm{d}x$ 称为量 Q 的元素或微元.

5. **几何上的面积、体积、弧长可以应用元素法得到计算公式**：记住几何量的典型模型及公式，解题时可直接套用已知公式得到定积分表示式. 计算物理上的功、水压力、引力等量需要建立坐标系后，应用元素法得到定积分表示式.

二、必做题型

1. 能用元素法计算的量 U 需具有的三个特征是_____；_____；_____.
2. 用元素法计算量 U 的基本步骤：_____；_____；_____.

第二节 定积分在几何上的应用——平面图形的面积

一、梳理主要内容

1. **计算平面图形面积的基本步骤：**

   （1）画出图形、确定积分变量及积分区间；

   （2）求面积微元；

   （3）写出计算面积的定积分表达式，并计算.

2. **直角坐标系下平面图形的面积公式：**

   （1）设函数 $f(x)$ 在 $[a,b]$ 上连续，则由直线 $x=a$、$x=b$、x 轴及曲线 $y=f(x)$ 所围成的平面图形的面积 $A = \int_a^b |f(x)| \, dx$.

   （2）设函数 $f(x)$ 和 $g(x)$ 在 $[a,b]$ 上连续，则由直线 $x=a$、$x=b$ 及曲线 $y=f(x)$、$y=g(x)$ 所围成的平面图形的面积 $A = \int_a^b |f(x) - g(x)| \, dx$.

   （3）设函数 $\varphi(y)$ 在 $[c,d]$ 上连续，则由直线 $y=c$、$y=d$、y 轴及曲线 $x=\varphi(y)$ 所围成的平面图形的面积 $A = \int_c^d |\varphi(y)| \, dy$.

   （4）设函数 $\varphi(y)$ 和 $\psi(y)$ 在 $[c,d]$ 上连续，则由直线 $y=c$、$y=d$ 及曲线 $x=\varphi(y)$、$x=\psi(y)$ 所围成的平面图形的面积 $A = \int_c^d |\varphi(y) - \psi(y)| \, dy$.

   （5）设函数 $x'(t)$、$y(t)$ 在 $[a,b]$ 上连续，则由直线 $x=a(=x(t_1))$、$x=b(=x(t_2))$、$y=0$ 及曲线 $\begin{cases} x=x(t) \\ y=y(t) \end{cases}$（$t$ 在 t_1 与 t_2 之间）（该曲线的直角坐标方程为 $y=f(x)$ 且 $f(x) \geq 0$）所围成的平面图形的面积 $A = \int_a^b f(x) \, dx = \int_{t_1}^{t_2} y(t) \, d[x(t)] = \int_{t_1}^{t_2} y(t) x'(t) \, dt$.

   其他情形有类似结论.（当平面图形的曲边由参数方程给出时，先用直角坐标系中的平面图形的面积公式，再根据参数方程作相应的定积分换元后计算）

3. **极坐标系下平面图形的面积公式：** 由曲线 $r = r(\theta)$ 及两条射线 $\theta = \alpha$、$\theta = \beta$（$\alpha < \beta$）所围成的曲边扇形的面积 $A = \dfrac{1}{2} \int_\alpha^\beta [r(\theta)]^2 \, d\theta$.

4. **旋转体的侧面积公式：**

   （1）设函数 $f(x)$ 在 $[a,b]$ 上非负，且有连续的导数，则由直线 $x=a$、$x=b$、x 轴和曲线

$y = f(x)$ 围成的平面图形绕 x 轴旋转一周所形成的旋转体的侧面积

$$A = 2\pi \int_a^b f(x)\sqrt{1 + f'^2(x)}\,dx.$$

(2) 若曲线由参数方程 $\begin{cases} x = \phi(t), \\ y = \psi(t) \end{cases}$ (t 在 α 与 β 之间) 给出(该曲线的直角坐标方程为 $y = f(x)$ 且 $f(x) \geq 0$),且 $\phi'(t)$、$\psi'(t)$ 连续,则由直线 $x = a(=\phi(\alpha))$、$x = b(=\phi(\beta))$、$y = 0$ 和该曲线围成的平面图形绕 x 轴旋转一周所形成的旋转体的侧面积 $A = 2\pi \int_a^b f(x)\sqrt{1+f'^2(x)}\,dx = 2\pi \int_\alpha^\beta \psi(t)\sqrt{\phi'^2(t)+\psi'^2(t)}\,dt.$

二、必做题型

1. 求抛物线 $y^2 = 2x$ 及直线 $2x + y - 2 = 0$ 所围图形的面积.

2. 求摆线 $\begin{cases} x = a(t - \sin t), \\ y = a(1 - \cos t) \end{cases}$ ($a > 0$) 的一拱 ($0 \leq t \leq 2\pi$) 及 x 轴所围图形的面积.

3. 求心形线 $r = a(1 + \cos\theta)(a > 0)$ 与圆 $r = a$ 所围公共部分的面积.

4. 求两条曲线 $r = 3\cos\theta$ 与 $r = 1 + \cos\theta$ 所围公共部分的面积.

5. 求圆 $x^2 + (y-b)^2 = a^2 (0 < a < b)$ 绕 x 轴旋转一周所得旋转体的表面积.

6. 求星形线 $\begin{cases} x = a\cos^3 t, \\ y = a\sin^3 t \end{cases} (a > 0)$ 绕 x 轴旋转一周所得旋转体的表面积.

第三节 定积分在几何上的应用——体积

一、梳理主要内容

1. **计算体积的基本步骤**：
   (1) 画出图形、确定积分变量及积分区间；
   (2) 求体积元素；
   (3) 写出体积的定积分表达式,并计算定积分得体积.

2. **平行截面面积为已知的立体体积公式**：设有一立体 Ω 位于平面 $x=a$、平面 $x=b$ $(a<b)$ 之间,过点 x 且垂直于 x 轴的平面与 Ω 相截所得的截面面积为 $A(x)$,若 $A(x)$ 是 x 的连续函数,则立体 Ω 的体积 $V = \int_a^b A(x)\,\mathrm{d}x$.

3. **旋转体的体积公式**：

   (1) 设 $f(x)$ 在 $[a,b]$ 上连续,则由直线 $x=a$、$x=b$、x 轴及曲线 $y=f(x)$ 所围成的平面图形绕 x 轴旋转一周而成的旋转体的体积 $V_x = \pi\int_a^b [f(x)]^2\,\mathrm{d}x = \pi\int_a^b y^2\,\mathrm{d}x$;

   绕 y 轴旋转一周所成的旋转体的体积为 $V_y = 2\pi\int_a^b x|f(x)|\,\mathrm{d}x$,其中 $0 \leqslant a < b$.

   (2) 设函数 $\varphi(y)$ 在 $[c,d]$ 上连续,则由直线 $y=c$、$y=d$、y 轴及曲线 $x=\varphi(y)$ 所围成的平面图形绕 y 轴旋转一周而成的旋转体的体积 $V_y = \pi\int_c^d [\varphi(y)]^2\,\mathrm{d}y = \pi\int_c^d x^2\,\mathrm{d}y$;

   绕 x 轴旋转所成的旋转体的体积 $V_x = 2\pi\int_c^d y|\varphi(y)|\,\mathrm{d}y$,其中 $0 \leqslant c < d$.

二、必做题型

1. 求由曲线 $x^2 + y^2 = 2(y \geqslant 0)$ 及 $y = x^2$ 所围成的平面图形,分别绕 x 轴、y 轴旋转一周而成的旋转体的体积.

2. 求由摆线 $\begin{cases} x = a(t - \sin t), \\ y = a(1 - \cos t) \end{cases}$ $(a > 0)$ 的一拱 $(0 \leqslant t \leqslant 2\pi)$ 与 x 轴所围图形,分别绕 x 轴、y 轴旋转一周而成的旋转体体积.

3. 求圆 $x^2 + (y - b)^2 = R^2 (R < b)$ 所围平面图形绕 x 轴旋转一周而成的环体体积.

第四节 定积分在几何上的应用——平面曲线的弧长

一、梳理主要内容

1. **曲线弧为可求长的**：若极限 $\lim\limits_{\lambda \to 0} \sum\limits_{i=1}^{n} |M_{i-1}M_i|$ 存在，其中 $|M_{i-1}M_i|$ 为第 i 段内接折线长度，λ 为 n 段折线段的最大边长，称此极限为曲线弧 $\overparen{AB}$ 的弧长.

2. **任意光滑曲线弧都是可求长的.**
   （光滑曲线：处处有切线，且切线随切点的移动而连续转动. 特别地，若 $f'(x)$ 连续，可判断曲线 $y = f(x)$ 是光滑曲线）

3. **弧微分公式**：$\mathrm{d}s = \sqrt{(\mathrm{d}x)^2 + (\mathrm{d}y)^2}$.

4. **弧长的计算公式**：

   (1) 当曲线弧的方程由参数方程 $\begin{cases} x = \phi(t), \\ y = \psi(t) \end{cases}$ $(\alpha \leqslant t \leqslant \beta)$ 给出时，弧微分 $\mathrm{d}s = \sqrt{\varphi'^2(t) + \psi'^2(t)}\,\mathrm{d}t$，所求弧长 $s = \int_{\alpha}^{\beta} \mathrm{d}s = \int_{\alpha}^{\beta} \sqrt{\varphi'^2(t) + \psi'^2(t)}\,\mathrm{d}t$.

   (2) 当曲线弧的方程由直角坐标方程 $y = f(x)$ $(a \leqslant x \leqslant b)$ 给出时，弧微分 $\mathrm{d}s = \sqrt{1 + y'^2}\,\mathrm{d}x = \sqrt{1 + f'^2(x)}\,\mathrm{d}x$，所求弧长 $s = \int_{a}^{b} \mathrm{d}s = \int_{a}^{b} \sqrt{1 + y'^2}\,\mathrm{d}x = \int_{a}^{b} \sqrt{1 + f'^2(x)}\,\mathrm{d}x$.

   (3) 当曲线弧的方程由直角坐标方程 $x = \phi(y)$ $(c \leqslant y \leqslant d)$ 给出时，弧微分 $\mathrm{d}s = \sqrt{1 + x'^2}\,\mathrm{d}y = \sqrt{1 + \phi'^2(y)}\,\mathrm{d}y$，所求弧长 $s = \int_{c}^{d} \mathrm{d}s = \int_{c}^{d} \sqrt{1 + x'^2}\,\mathrm{d}y = \int_{c}^{d} \sqrt{1 + \phi'^2(y)}\,\mathrm{d}y$.

   (4) 当曲线弧的方程由极坐标方程 $\rho = \rho(\theta)$ $(\alpha \leqslant \theta \leqslant \beta)$ 给出时，通过极坐标与直角坐标的关系化为参数方程 $\begin{cases} x = \rho(\theta)\cos\theta, \\ y = \rho(\theta)\sin\theta \end{cases}$ $(\alpha \leqslant \theta \leqslant \beta)$，弧微分 $\mathrm{d}s = \sqrt{x'^2(\theta) + y'^2(\theta)}\,\mathrm{d}\theta = \sqrt{\rho^2(\theta) + \rho'^2(\theta)}\,\mathrm{d}\theta$，所求弧长 $s = \int_{\alpha}^{\beta} \mathrm{d}s = \int_{\alpha}^{\beta} \sqrt{\rho^2(\theta) + \rho'^2(\theta)}\,\mathrm{d}\theta$.

   注：根据曲线弧分别由参数方程、直角坐标方程和极坐标方程给出，写出对应的计算弧长的公式.

二、必做题型

1. 求曲线 $y = \int_{-\frac{\pi}{2}}^{x} \sqrt{\cos t}\, dt$ 的全长.

2. 求星形线 $\begin{cases} x = a\cos^3 t, \\ y = a\sin^3 t \end{cases}$ $(a > 0)$ 的全长.

3. 求阿基米德螺线 $r = a\theta$ $(a > 0)$ 的第一圈 $(0 \leqslant \theta \leqslant 2\pi)$ 的弧长.

第五节 定积分在物理上的应用

一、梳理主要内容

1. **路程 S**：已知一物体作变速直线运动，速度 $v=v(t)$ 是连续函数，且 $v(t) \geq 0$，则用元素法计算在时间间隔 $[a, b]$ 上物体所经过的路程 S，可分四步：

   (1) 确定积分变量 t 及积分区间 $[a, b]$；

   (2) 求区间 $[t, t+dt]$ 上对应的路程元素 $dS = v(t)dt$；（用常速运动路程公式）

   (3) 写出路程 S 的定积分表达式 $S = \int_a^b v(t)dt$；

   (4) 计算定积分，得路程 S。

2. **质量 M**：有一放置在 x 轴上的细杆，已知杆上每一点的密度为 $\mu(x)$，则用元素法计算在区间 $[a, b]$ 上杆的质量 M，可分四步：

   (1) 确定积分变量 x 及积分区间 $[a, b]$；

   (2) 求区间 $[x, x+dx]$ 上杆的质量微元 $dM = \mu(x)dx$；（用均匀密度的质量公式近似）

   (3) 写出质量 M 的定积分表达式 $M = \int_a^b \mu(x)dx$；

   (4) 计算定积分，得质量 M。

3. **功 W**：有一变力 $f(x)$（大小变、方向不变）在 x 轴上将物体从点 a 移动到点 b，则用元素法计算在 $[a, b]$ 上变力沿 x 轴所做的功 W，可分四步：

   (1) 确定积分变量 x 及积分区间 $[a, b]$；

   (2) 求区间 $[x, x+dx]$ 上对应功 W 的元素 $dW = f(x)dx$；（用常力的做功公式近似）

   (3) 写出功 W 的定积分表达式 $W = \int_a^b f(x)dx$；

   (4) 计算定积分，得功 W。

4. **压力 P**：如图1，有一竖直放置在液体中的闸门，形状是曲边梯形，则用元素法计算闸门一侧所受到的压力 P，可分四步：

   (1) 确定积分变量 x 及积分区间 $[a, b]$；

   (2) 求区间 $[x, x+dx]$ 上对应压力 P 的微元 $dP = \gamma x f(x)$；（该小曲边梯形上受到的压力，近似看作把它放在平行于液体表面，且距液体表面深度为 x 的位置上一侧所受到的压力，其中 γ 是液体的密度）

   (3) 写出压力 P 的定积分表达式 $P = \int_a^b \gamma x f(x)dx$；

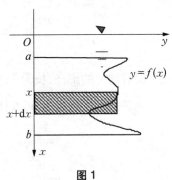

图1

(4) 计算定积分,得压力 P.

5. **引力 F**:如图 2,有均匀的细杆,长为 L,质量为 M,另有一质量为 m 的质点位于细杆所在的直线上,且到杆的近端距离为 a,则用元素法计算杆与质点之间的引力 F,可分四步:

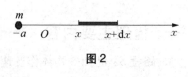

图 2

(1) 取积分变量为 x,积分区间为 $[0, L]$;

(2) 求区间 $[x, x+\mathrm{d}x]$ 上对应引力 F 的元素 $\mathrm{d}F = k\dfrac{m \cdot \dfrac{M}{L} \cdot \mathrm{d}x}{(x+a)^2}$;(用两质点间万有引力公式近似)

(3) 写出引力 F 的定积分表达式 $F = \dfrac{kmM}{L}\displaystyle\int_0^L \dfrac{\mathrm{d}x}{(x+a)^2}$;

(4) 计算定积分得引力 F 的大小,引力 F 的方向与 x 轴平行.

注:如果引力在不同区间上,$\mathrm{d}F$ 的方向出现不一致的情形,还需把 $\mathrm{d}F$ 分解为水平和垂直方向的分力,再用定积分求出各分力后,最后求合力的大小和方向.

二、必做题型

1. 设有一竖直的闸门,形状是等腰梯形,上底为 6 米,下底为 4 米,高为 6 米,当水面齐闸门顶时,求闸门所受的水压力.

2. 设一锥形贮水池,深 15 米,口径 20 米,盛满水,试问将水全部吸出需做多少功?

3. 设有均匀的细杆,长为 L,质量为 M,另有一质量为 m 的质量位于细杆所在的直线上,且到杆的近端距离为 a,求杆与质点之间的引力.

第六章 定积分的应用 测试题

1. 填空题：（每小空 2 分，共 8 分）

   (1) 曲线 $y = x$ 与 $y = x^2$ 所围成平面图形的面积 $A = $ _____.

   (2) 设在区间 $[a, b]$ 上，$f(x) > 0$，$f'(x) < 0$，$f''(x) < 0$. 记 $S_1 = \int_a^b f(x) \mathrm{d}x$，$S_2 = f(b) \cdot (b - a)$，$S_3 = \dfrac{1}{2}[f(a) + f(b)](b - a)$，则 S_1、S_2、S_3 的大小顺序是 _____.

   (3) 已知曲线 $y = x^2$，直线 $x = \sqrt[3]{2}$ 及 x 轴所围成平面图形被直线 $x = k$ 分成两个面积相等的图形，则常数 $k = $ _____.

   (4) 函数 $y = x\mathrm{e}^{-x}$ 在 $[0, 2]$ 上的平均值为 _____.

2. 求曲线 $y^2 = x$ 与 $y = x^2$ 所围成平面图形的面积.（10 分）

3. 求抛物线 $y = -x^2 + 4x - 3$ 及其在点 $(0, -3)$ 和 $(3, 0)$ 处的切线所围成平面图形的面积.（10 分）

4. 求曲线 $\rho = \sqrt{2}\sin\theta$ 及 $\rho^2 = \cos 2\theta$ 所围成平面图形的公共部分的面积.（10 分）

5. 求曲线 $y = -x^3 + x^2 + 2x$ 及 x 轴所围成平面图形的面积. (10 分)

6. 求由曲线 $y = \sin x$ ($0 \leqslant x \leqslant \pi$) 及 x 轴所围成的平面图形,分别绕 x 轴、y 轴旋转一周所成的旋转体的体积. (10 分)

7. 设由曲线 $y = x^{\frac{1}{3}}$、直线 $x = a$ ($a > 0$) 及 x 轴围成的平面图形,分别绕 x 轴、y 轴旋转一周所得旋转体的体积为 V_x、V_y. 若 $V_y = 10 V_x$,求常数 a. (10 分)

8. 求心形线 $\rho = a(1 + \cos\theta)$ 的全长. (10 分)

9. 求圆 $(x-2)^2 + y^2 = 1$ 所围平面图形绕 y 轴旋转一周而成的旋转体的体积. (10 分)

10. 设抛物线 $y = ax^2 + bx + c$ 通过点 $(0, 0)$,且当 $x \in [0, 1]$ 时,$y \geq 0$. 试确定常数 a、b、c,使得抛物线 $y = ax^2 + bx + c$ 与直线 $x = 1$、$y = 0$ 所围平面图形的面积为 $\dfrac{4}{9}$,且使该平面图形绕 x 轴旋转一周而成的旋转体的体积最小. (12 分)

第七章 微分方程

第一节 微分方程的基本概念

一、梳理主要内容

1. **微分方程**：含有自变量、未知函数及未知函数导数（或微分）的等式.（未知函数的导数（或微分）是一定要出现的）

2. **常微分方程**：未知函数是一元函数的微分方程.

3. **偏微分方程**：未知函数是多元函数的微分方程.

4. **微分方程的阶**：微分方程中所含未知函数的最高阶导数的阶数.

5. **n 阶微分方程的一般形式**：$F(x, y, y', y'', y''', \cdots y^{(n)}) = 0$.

6. **微分方程的解**：能使微分方程成为恒等式的函数.（若函数是显式的,则称为显式解；若函数是隐式的,则称为隐式解）

7. **通解与特解**：若微分方程的解中含有任意常数,而且独立的任意常数的个数与微分方程的阶数相等,则称这个解为微分方程的通解. 确定了通解中任意常数的解,则称为微分方程的特解.

8. **微分方程的通解与特解的几何意义**：微分方程的每一个解 $y = y(x)$ 的图形是一条平面曲线——微分方程的积分曲线；通解的图形是平面上的一簇曲线——积分曲线簇,特解的图形是积分曲线簇中的一条确定的曲线.

9. **初始条件**：n 阶微分方程 $F(x, y, y', y'', \cdots, y^{(n)}) = 0$ 的初值条件
$$y(x_0) = y_0, \quad y'(x_0) = y_1, \quad y''(x_0) = y_2, \cdots, y^{(n-1)}(x_0) = y_{n-1}.$$

10. **初值问题**：问题 $\begin{cases} F(x, y, y', y'', \cdots, y^{(n)}) = 0, \\ y(x_0) = y_0, \, y'(x_0) = y_1, \cdots, y^{(n-1)}(x_0) = y_{n-1}. \end{cases}$

11. **关于微分方程的两类问题**：建立微分方程；解微分方程.

12. **线性微分方程是一类特殊的微分方程**：它是指关于未知函数及其导数都是一次的微分方程.（线性微分方程中关于自变量 x 的次数不受限制,可以出现 x^2, $x^2 y$, $\sin x$, $e^x y'$ 等；但不能出现 y^2, $\sin y$, $y y'$, e^y 等）

二、必做题型

1. 指出下列微分方程的阶数,并指出其是否为线性微分方程.

(1) $y' + xy = 0$; (2) $xy'' + xy^2 = \sin x$;

(3) $x^2 y''' + xy'' - 2y' = 3x^4$; (4) $y^{(4)} - 4y''' + y'' - 2y' + 5y = \sin 2x$.

2. 验证 $y_1 = e^x$，$y_2 = e^{-x}$，$y = C_1 e^x + C_2 e^{-x}$ 和 $y = C_1 e^x + C_2 e^{x+1}$ 都是微分方程 $y'' - y = 0$ 的解，并指出该微分方程的通解.

3. 验证函数 $y = C_1 \cos x + C_2 \sin x$ 是微分方程 $y'' + y = 0$ 的通解，并求微分方程满足初始条件 $y\vert_{x=0} = A$，$y'\vert_{x=0} = 0$ 的特解.

4. 设函数 $y = C_1 \cos 3x + C_2 \sin 3x$，其中 C_1、C_2 为任意常数，求以函数 y 为通解的微分方程.

第二节　可分离变量的微分方程

一、梳理主要内容

1. 可分离变量微分方程的一般形式为：

$$\frac{dy}{dx} = f(x) \cdot g(y) \text{ 或 } M_1(x) \cdot N_1(y) dx + M_2(x) \cdot N_2(y) dy = 0.$$

2. 可分离变量微分方程的求解步骤：

（1）分离变量 x 与 y 得 $\frac{dy}{g(y)} = f(x) dx$，$g(y) \neq 0$．（将微分方程改写成一端只含 y 的函数和 dy，另一端只含 x 的函数和 dx）

（2）两边积分 $\int \frac{dy}{g(y)} = \int f(x) dx$．解得通解（隐式）：$G(y) = F(x) + C$.

（3）若求解的是初值问题，则由初始条件确定常数 C，从而得满足初始条件的特解．

二、必做题型

1. 判断下列微分方程是否为可分离变量的微分方程：

(1) $y' - e^{x-y} + e^x = 0$；

(2) $y' = \frac{x}{y} + \frac{y}{x}$；

(3) $y' = 3x^2 y$；

(4) $y' = 1 + x + y^2 + xy^2$；

(5) $y^2 dx + (x^2 - xy) dy = 0$；

(6) $y' = \frac{x+y}{x-y}$.

2. 求下列微分方程的通解：

(1) $y' = 10^{x+y}$；

(2) $(e^{x+y} - e^x)dx + (e^{x+y} + e^y)dy = 0$；

(3) $xy' - y\ln y = 0$；

(4) $ydx + (x^2 - 4x)dy = 0$；

(5) $\cos y dx + (1 + e^{-x}) \cdot \sin y dy = 0$.

3. 求微分方程 $xydx + (x^2 + 1)dy = 0$ 满足初始条件 $y(0) = 1$ 的特解.

第三节 齐次方程

一、梳理主要内容

1. 齐次方程的一般形式：$\dfrac{dy}{dx} = \varphi\left(\dfrac{y}{x}\right)$.

2. 齐次方程的求解步骤：

   (1) 令 $\dfrac{y}{x} = u$，则 $y = xu$，$\dfrac{dy}{dx} = u + x\dfrac{du}{dx}$；

   (2) 代入原方程得：$u + x\dfrac{du}{dx} = \varphi(u)$，方程为关于 x 为自变量，u 为未知函数的可分离变量的微分方程.

   (3) 用分离变量法，求得方程 $u + x\dfrac{du}{dx} = \varphi(u)$ 的通解，然后把 $u = \dfrac{y}{x}$ 代入通解中，即得齐次方程的通解.

3. **可化为齐次方程的方程**：形如 $\dfrac{dy}{dx} = f\left(\dfrac{a_1 x + b_1 y + c_1}{a_2 x + b_2 y + c_2}\right)$ 的方程. 分两种情况考虑：

   (1) 当 $a_1 b_2 \neq b_1 a_2$ 时，可以作变量代换，令 $x = u + h$，$y = v + k$，选择适当的待定常数 h，k，将原方程化为变量为 u、v 的齐次方程求解；

   (2) 当 $a_1 b_2 = a_2 b_1$ 时，可引入新变量 $w = a_1 x + b_1 y$，代入原方程，即可化为以 x 为自变量，w 为未知函数的可分离变量的方程求解.

二、必做题型

1. 判断下列微分方程是否为齐次方程：

   (1) $\dfrac{dy}{dx} = \dfrac{xy - y^2}{x^2 - 2xy}$；

   (2) $(x^3 + y^3)dx - 3xy^2 dy = 0$；

(3) $\dfrac{dy}{dx} = \dfrac{y}{x}(1 + \ln y - \ln x)$;

(4) $\dfrac{dy}{dx} = y + \tan \dfrac{y}{x}$.

2. 求下列微分方程的通解：

(1) $y' = \dfrac{x+y}{x-y}$;

(2) $xy' = y(\ln y - \ln x)$;

(3) $y^2 dx + (x^2 - xy) dy = 0$.

3. 化方程 $(x - y - 1)dx + (4y + x - 1)dy = 0$ 为齐次方程，并求出其通解.

第四节　一阶线性微分方程

一、梳理主要内容

1. **一阶线性微分方程的一般形式为**：$y' + P(x)y = Q(x)$.（对于未知函数 y 及其导数 y' 是线性的）

2. **线性微分方程的分类**：若 $Q(x) \equiv 0$，方程为齐次的；若 $Q(x) \not\equiv 0$，方程为非齐次的.（非齐次线性微分方程 $y' + P(x)y = Q(x)$ 对应的齐次线性微分方程为 $y' + P(x)y = 0$）

3. **一阶齐次线性微分方程通解的求法**：

    方法 1　把一阶齐次线性微分方程 $y' + P(x)y = 0$ 看成可分离变量方程，可用分离变量法，得方程的通解为：$y = C\mathrm{e}^{-\int P(x)\mathrm{d}x}$，其中 C 为任意常数；

    方法 2　直接用公式：通解为 $y = C\mathrm{e}^{-\int P(x)\mathrm{d}x}$，其中 C 为任意常数.（公式中的不定积分 $\int P(x)\mathrm{d}x$ 只要写出一个原函数，不需加任意常数）

4. **一阶非齐次线性微分方程通解的求法**：

    方法 1　用常数变易法得方程的通解：$y = \mathrm{e}^{-\int P(x)\mathrm{d}x}\left[\int Q(x)\mathrm{e}^{\int P(x)\mathrm{d}x}\mathrm{d}x + C\right]$，其中 C 为任意常数. 常数变易法是求非齐次线性微分方程通解的方法，其求解思路是：将对应的齐次线性方程 $y' + P(x)y = 0$ 的通解 $y = C\mathrm{e}^{-\int P(x)\mathrm{d}x}$ 中的任意常数 C 变易为待定函数 $C(x)$，再将其代入原方程，通过确定 $C(x)$ 可得线性非齐次方程通解.（该方法也可推广用于求解高阶线性微分方程）

    方法 2　直接用公式：通解为 $y = \mathrm{e}^{-\int P(x)\mathrm{d}x}\left[\int Q(x)\mathrm{e}^{\int P(x)\mathrm{d}x}\mathrm{d}x + C\right]$，其中 C 为任意常数.（公式中的每一个不定积分只要写出一个原函数，不需加任意常数）

5. **一阶非齐次线性微分方程通解的结构**：通解是由两项的和组成的，第一项 $C\mathrm{e}^{-\int P(x)\mathrm{d}x}$ 是对应的一阶齐次线性微分方程 $y' + P(x)y = 0$ 的通解，第二项 $\mathrm{e}^{-\int P(x)\mathrm{d}x}\int Q(x)\mathrm{e}^{\int P(x)\mathrm{d}x}\mathrm{d}x$ 是一阶非齐次线性微分方程的一个特解.

    注：高阶非齐次线性微分方程的通解，也有一阶非齐次线性微分方程通解相同的结构.

6. **伯努利方程**：

    (1) 伯努利方程的一般形式为：$\dfrac{\mathrm{d}y}{\mathrm{d}x} + P(x)y = Q(x)y^{\alpha}$，其中 α 是实常数，且 $\alpha \neq 0, 1$；

（2）伯努利方程的求解方法是：方程的两端同时除以 y^α，得 $y^{-\alpha}\dfrac{\mathrm{d}y}{\mathrm{d}x} + P(x)y^{1-\alpha} = Q(x)$，再令 $z = y^{1-\alpha}$，则方程可进一步化为：$\dfrac{\mathrm{d}z}{\mathrm{d}x} + (1-\alpha)P(x)z = (1-\alpha)Q(x)$，该方程是以 x 为自变量，z 为未知函数的一阶非齐次线性微分方程，求出其通解后，再回代 z，即可得伯努利方程的通解.

二、必做题型

1. 下列方程哪些是线性微分方程，哪些是伯努利方程？（只考虑 x 为自变量，y 为因变量）

（1）$\dfrac{\mathrm{d}y}{\mathrm{d}x} + \dfrac{y}{x} = (\ln x)y^2$；

（2）$\dfrac{\mathrm{d}y}{\mathrm{d}x} = \dfrac{4y}{x} + \sqrt{y}$；

（3）$\dfrac{\mathrm{d}y}{\mathrm{d}x} = \dfrac{4y}{x} + \sin x$；

（4）$\dfrac{\mathrm{d}y}{\mathrm{d}x} = \dfrac{4y}{x} + y\sin x$.

2. 求下列微分方程的通解：

（1）$\dfrac{\mathrm{d}y}{\mathrm{d}x} + 2xy = 4x$；

（2）$\dfrac{\mathrm{d}y}{\mathrm{d}x} = \dfrac{1}{3x + 2y}$；

(3) $(y^2 - 6x)\dfrac{dy}{dx} + 2y = 0$; (4) $(x + y^3)dy - ydx = 0$.

3. 求微分方程 $(y + x^3)dx - 2xdy = 0$ 满足初始条件 $y(1) = \dfrac{6}{5}$ 的特解.

4. 设函数 $y = e^x - e^{-x}$ 是一阶非齐次线性微分方程 $\dfrac{dy}{dx} + ay = ke^x$ 的特解,其中 a、k 为常数,求该微分方程.

5. 设可导函数 $f(x)$ 满足方程 $\displaystyle\int_0^x f(t)dt = x + \int_0^x tf(x-t)dt$,求 $f(x)$.

第五节　可降阶的高阶微分方程

一、梳理主要内容

1. **高阶微分方程**：二阶及二阶以上的微分方程．
2. **三类可降阶的高阶微分方程及其求解方法**：

(1) $y^{(n)} = f(x)$ 型微分方程，求解方法：将 $y^{(n)} = f(x)$ 改写为 $\dfrac{\mathrm{d}y^{(n-1)}}{\mathrm{d}x} = f(x)$，两边积分得 $y^{(n-1)} = \int f(x)\mathrm{d}x + C_1$，同理，依次两边积分 $n-1$ 次，即可得到含有 n 个独立任意常数的通解．

(2) $y'' = f(x, y')$ 型微分方程，求解方法：令 $y' = p(x)$，则 $y'' = \dfrac{\mathrm{d}p}{\mathrm{d}x}$，于是原方程化为 $\dfrac{\mathrm{d}p}{\mathrm{d}x} = f(x, p)$，可得其通解为 $p = \phi(x, C_1)$，即 $y' = \phi(x, C_1)$．再对方程 $y' = \phi(x, C_1)$ 积分一次，即可得原方程的通解为：$y = \int \phi(x, C_1)\mathrm{d}x + C_2$．

(3) $y'' = f(y, y')$ 型微分方程，求解方法：令 $y' = p(y)$，则 $y'' = \dfrac{\mathrm{d}p}{\mathrm{d}x} = \dfrac{\mathrm{d}p}{\mathrm{d}y} \cdot \dfrac{\mathrm{d}y}{\mathrm{d}x} = p\dfrac{\mathrm{d}p}{\mathrm{d}y}$，于是原方程化为 $p\dfrac{\mathrm{d}p}{\mathrm{d}y} = f(y, p)$，可得其通解为 $p = \varphi(y, C_1)$，即 $y' = \varphi(y, C_1)$．再对可分离变量方程 $\dfrac{\mathrm{d}y}{\mathrm{d}x} = \varphi(y, C_1)$ 求解，即可得原方程的通解为：$\int \dfrac{\mathrm{d}y}{\varphi(y, C_1)} = x + C_2$．

二、必做题型

1. 指出下列高阶微分方程的类型：(是线性微分方程还是可降阶的微分方程)

(1) $xy'' + \dfrac{1}{2}\sqrt{1 + y'^2} = 0$；

(2) $yy'' - y'^2 = 0$；

(3) $y''' = \mathrm{e}^{3x} + 2\cos x$．

2. 求方程 $xy'' + y' = \ln x$ 的通解.

3. 求初值问题 $\begin{cases} \dfrac{y''}{y'} - 2y = 0, \\ y\big|_{x=0} = 0,\ y'\big|_{x=0} = 1 \end{cases}$ 的解.

4. 设函数 $y(x), x \geq 0$ 具有二阶导数,且 $y'(x) > 0, y(0) = 1$,过曲线 $y = y(x)$ 上任一点 $P(x, y)$,作该曲线的切线及 x 轴的垂线,上述两直线与 x 轴围成的三角形面积记为 S_1,以区间 $[0, x]$ 为底边、$y(x)$ 为曲边的曲边梯形面积记为 S_2,且 $2S_1 - S_2 \equiv 1$,求 $y(x)$ 满足的微分方程.

第六节　高阶线性微分方程解的结构

一、梳理主要内容

1. 二阶线性微分方程的一般形式为：$y'' + P(x)y' + Q(x)y = f(x)$.（关于未知函数 y 及导数 y'、y'' 是线性的）

2. 二阶非齐次线性微分方程：$y'' + P(x)y' + Q(x)y = f(x)$.
   （它对应的二阶齐次线性微分方程为：$y'' + P(x)y' + Q(x)y = 0$）

3. 二阶齐次线性微分方程 $y'' + P(x)y' + Q(x)y = 0$ 通解的求解步骤：
   (1) 求齐次线性微分方程的两个线性无关的特解 y_1、y_2.（y_1 与 y_2 线性无关，通常用 $\dfrac{y_1(x)}{y_2(x)} \neq k$ 或 $\dfrac{y_2(x)}{y_1(x)} \neq k$ 来判断，其中 k 为常数）
   (2) $y'' + P(x)y' + Q(x)y = 0$ 的通解为 $Y = C_1 y_1 + C_2 y_2$，其中 C_1、C_2 为任意常数.

4. 二阶非齐次线性微分方程 $y'' + P(x)y' + Q(x)y = f(x)$ 通解的求解步骤：
   (1) 求对应的二阶齐次线性微分方程 $y'' + P(x)y' + Q(x)y = 0$ 的通解 $Y = C_1 y_1 + C_2 y_2$；
   (2) 求二阶非齐次线性微分方程 $y'' + P(x)y' + Q(x)y = f(x)$ 的一个特解 y^*；
   (3) $y'' + P(x)y' + Q(x)y = f(x)$ 的通解为 $y = Y + y^* = C_1 y_1 + C_2 y_2 + y^*$.

5. 有关线性微分方程解的结构的重要结论：
   (1) 若 $y_1(x)$、$y_2(x)$ 是二阶齐次线性方程 $y'' + P(x)y' + Q(x)y = 0$ 的两个解，则 $y = C_1 y_1(x) + C_2 y_2(x)$ 也是该方程的解，其中 C_1、C_2 为任意常数.
   (2) 若 $y_1(x)$、$y_2(x)$ 是二阶非齐次线性方程 $y'' + P(x)y' + Q(x)y = f(x)$ 的两个解，则 $y = y_1(x) - y_2(x)$ 为它对应的齐次线性方程 $y'' + P(x)y' + Q(x)y = 0$ 的解.
   (3) 若 $Y(x)$ 是二阶齐次线性方程 $y'' + P(x)y' + Q(x)y = 0$ 的通解，$y^*(x)$ 是二阶非齐次线性方程 $y'' + P(x)y' + Q(x)y = f(x)$ 的一个特解，则 $y = Y(x) + y^*(x)$ 是二阶非齐次线性方程 $y'' + P(x)y' + Q(x)y = f(x)$ 的通解.
   (4) 若 $y_1^*(x)$ 是二阶非齐次线性方程 $y'' + P(x)y' + Q(x)y = f_1(x)$ 的特解，$y_2^*(x)$ 是二阶非齐次线性方程 $y'' + P(x)y' + Q(x)y = f_2(x)$ 的特解，则 $y_1^*(x) + y_2^*(x)$ 是二阶非齐次线性方程 $y'' + P(x)y' + Q(x)y = f_1(x) + f_2(x)$ 的特解.
   注：以上结论可推广到 $n\,(n \geqslant 3)$ 阶线性微分方程.

二、必做题型

1. 判断下列微分方程是否为二阶线性微分方程：

(1) $y'' - 2y' + 6y = 0$;   (2) $y'' - 3yy' = \cos x$;

(3) $2\dfrac{d^2 x}{dt^2} - \dfrac{dx}{dt} + 3x = 0$;   (4) $y'' + \sin y = 0$.

2. 设线性无关的函数 y_1、y_2、y_3 是二阶非齐次线性微分方程 $y'' + P(x)y' + Q(x)y = f(x)$ 的解,则此微分方程的通解为(　　)(C_1、C_2 为任意常数).

(A) $C_1 y_1 + C_2 y_2 + y_3$ (B) $C_1 y_1 + C_2 y_2 - (C_1 + C_2) y_3$

(C) $C_1 y_1 + C_2 y_2 - (1 - C_1 - C_2) y_3$ (D) $C_1 y_1 + C_2 y_2 + (1 - C_1 - C_2) y_3$

3. 设函数 $y = (C_1 x + C_2)e^{3x} + e^{2x}$ 是方程 $y'' - 6y' + 9y = f(x)$ 的解,其中 C_1、C_2 是任意常数,求 $f(x)$.

第七节　高阶常系数线性齐次微分方程

一、梳理主要内容

1. 二阶常系数齐次线性微分方程的一般形式为：$y'' + py' + qy = 0$，其中 p、q 为常数.

2. 二阶常系数齐次线性微分方程 $y'' + py' + qy = 0$ 的特征方程为：$r^2 + pr + q = 0$.
   （若 r 是特征方程 $r^2 + pr + q = 0$ 的根，则 e^{rx} 就是方程 $y'' + py' + qy = 0$ 的特解）

3. 二阶常系数齐次线性微分方程 $y'' + py' + qy = 0$ 通解的求法：
   （1）写出对应的特征方程 $r^2 + pr + q = 0$；
   （2）求出特征方程的两个根 r_1、r_2；
   （3）根据两个特征根的三种情形，写出方程 $y'' + py' + qy = 0$ 的通解：
   ① 当 r_1、r_2 为实根且 $r_1 \neq r_2$ 时，通解为 $y = C_1 e^{r_1 x} + C_2 e^{r_2 x}$.
   ② 当 r_1、r_2 为实根且 $r_1 = r_2 = r$ 时，通解为 $y = e^{rx}(C_1 + C_2 x)$.
   ③ 当 r_1、r_2 为一对共轭复根 $r_1 = \alpha + i\beta$、$r_2 = \alpha - i\beta$ 时，通解为
   $$y = C_1 e^{(\alpha + i\beta)x} + C_2 e^{(\alpha - i\beta)x}$$，通常取实数形式的通解 $y = e^{\alpha x}(C_1 \cos\beta x + C_2 \sin\beta x)$.
   注：通解中出现的 C_1、C_2，需注明 C_1、C_2 为任意常数.

4. n 阶常系数齐次线性微分方程 $y^{(n)} + a_1 y^{(n-1)} + \cdots + a_{n-1} y' + a_n y = 0$ 通解的求法：
   （1）写出对应的特征方程 $r^n + a_1 r^{n-1} + \cdots + a_{n-1} r + a_n = 0$；
   （2）求出特征方程的 n 个根；
   （3）根据特征根可以写出其对应的微分方程的特解：
   ① 单实根 r 对应方程通解中的一项：Ce^{rx}；
   ② k 重实根 r 对应通解中的 k 项：$e^{rx}(C_1 + C_2 x + \cdots + C_k x^{k-1})$；
   ③ 一对单复根 $\alpha \pm i\beta$ 对应通解中的两项：$e^{\alpha x}(C_1 \cos\beta x + C_2 \sin\beta x)$；
   ④ 一对 k 重复根 $\alpha \pm i\beta$ 对应通解中的 $2k$ 项：$e^{\alpha x}[(C_1 + C_2 x + \cdots + C_k x^{k-1}) \cdot \cos\beta x + (D_1 + D_2 x + \cdots + D_k x^{k-1}) \cdot \sin\beta x]$.
   （4）根据 n 个特解 $y_1, y_2, \cdots, y_n$，写出通解 $y = C_1 y_1 + C_2 y_2 + \cdots + C_n y_n$，其中 $C_1, C_2, \cdots C_n$ 为任意常数.

二、必做题型

1. 求下列微分方程的通解：

   (1) $y'' - 4y' + 3y = 0$;

   (2) $y'' - 4y' + 4y = 0$;

   (3) $y'' + 2y' + 2y = 0$;

   (4) $y''' + y'' - 2y' = 0$.

2. 具有特解 $y_1 = e^{-x}$, $y_2 = 2xe^{-x}$, $y_3 = 3e^x$ 的三阶常系数齐次线性微分方程是（　　）.

   (A) $y''' - y'' - y' + y = 0$

   (B) $y''' + y'' - y' - y = 0$

   (C) $y''' - 6y'' + 11y' - 6y = 0$

   (D) $y''' - 2y'' - y' + 2y = 0$

3. 已知某常系数齐次线性微分方程的全部特征根是 1，1，1，i，i，-i，-i，则该常系数齐次线性微分方程的通解为：_____；

   且该常系数齐次线性微分方程是（　　）.

   (A) $(y'' + 3y' - y)(y'' + 2y' + 2y) = 0$

   (B) $(y''' - 3y'' + 3y')(y'' + 2y' + 2y) = 0$

   (C) $(y''' - 3y'' + 3y' - y)(y^{(4)} + 2y'' + y) = 0$

   (D) $(y''' - 3y'' + 3y')(y^{(4)} + 2y'' + y) = 0$

第八节 二阶常系数线性非齐次微分方程

一、梳理主要内容

1. 二阶常系数线性非齐次微分方程的一般形式为：$y'' + py' + qy = f(x)$，其中 p、q 为常数.

2. 二阶常系数非齐次线性微分方程 $y'' + py' + qy = f(x)$ 通解的求法：

   (1) 利用通解结构：通解为 $y = Y(x) + y^*(x) = C_1 y_1(x) + C_2 y_2(x) + y^*(x)$. 其中 $y_1(x)$、$y_2(x)$ 是 $y'' + py' + qy = 0$ 的两个线性无关的特解，$y^*(x)$ 是方程 $y'' + py' + qy = f(x)$ 的一个特解. 这里 $y_1(x)$、$y_2(x)$ 可通过方程 $y'' + py' + qy = 0$ 的特征根求出，$y^*(x)$ 可通过观察法或下面的待定系数法求出.

   (2) 利用常数变易法：该方程对应齐次线性微分方程 $y'' + py' + qy = 0$ 通解为 $y = C_1 y_1(x) + C_2 y_2(x)$，将任意常数 C_1、C_2 变易为待定函数 $C_1(x)$、$C_2(x)$，使 $y = C_1(x) y_1(x) + C_2(x) y_2(x)$ 为方程 $y'' + py' + qy = f(x)$ 的解，代入方程得 $C_1(x)$、$C_2(x)$ 满足的方程组 $\begin{cases} C_1'(x) y_1(x) + C_2'(x) y_2(x) = 0, \\ C_1'(x) y_1'(x) + C_2'(x) y_2'(x) = f(x), \end{cases}$ 求出 $C_1(x)$、$C_2(x)$，再将 $C_1(x)$、$C_2(x)$ 代入 $y = C_1(x) y_1(x) + C_2(x) y_2(x)$ 中，即可得通解.

   (3) 利用降阶法：该方程对应齐次线性微分方程 $y'' + py' + qy = 0$ 的特征方程为 $r^2 + pr + q = 0$，求得特征根为 r_1、r_2，则 $r_1 + r_2 = -p$，$r_1 r_2 = q$，于是原方程为 $y'' + py' + qy = y'' - (r_1 + r_2) y' + r_1 r_2 y = (y' - r_1 y)' - r_2 (y' - r_1 y) = f(x)$ 令 $u(x) = y' - r_1 y$，则原方程化为 $u' - r_2 u = f(x)$ 及 $y' - r_1 y = u$. 先用一阶非齐次线性微分方程的通解公式，求出 $u' - r_2 u = f(x)$ 中的 u，再由 $y' - r_1 y = u$ 求出 y，即可得通解.

3. **待定系数法**：求二阶常系数非齐次线性微分方程 $y'' + py' + qy = f(x)$ 特解的方法. 仅对 $f(x)$ 的两种情形：

   (1) $f(x) = P_m(x) e^{\lambda x}$，其中 $P_m(x)$ 表示 x 的 m 次多项式，此时非齐次方程的特解形式可设为 $y^* = x^k R_m(x) e^{\lambda x}$，其中 $k = \begin{cases} 0, & \text{当 } \lambda \text{ 不是特征根,} \\ 1, & \text{当 } \lambda \text{ 是特征单根,} \\ 2, & \text{当 } \lambda \text{ 是特征重根.} \end{cases}$ $R_m(x)$ 为 x 的 m 次多项式.

   (2) $f(x) = e^{\lambda x} [P_l(x) \cos \omega x + P_n(x) \sin \omega x]$，其中 $P_l(x)$、$P_n(x)$ 分别表示 x 的 l 次、n 次多项式. 此时，非齐次方程的特解形式可设为 $y^* = x^k e^{\lambda x} [R_m^{(1)}(x) \cos \omega x + R_m^{(2)}(x) \sin \omega x]$，其中 $k = \begin{cases} 0, \text{当 } \lambda \pm i\omega \text{ 不是特征根,} \\ 1, \text{当 } \lambda \pm i\omega \text{ 是特征单根,} \end{cases}$

$m = \max(l, n)$,$R_m^{(1)}(x)$、$R_m^{(2)}(x)$是 m 次多项式.

二、必做题型

1. 写出下列微分方程的特解表达式(可带待定函数):

    (1) $y'' - 4y = e^{-2x}$;

    (2) $y'' - 2y' + 6y = e^x \sin x$;

    (3) $\dfrac{d^2 x}{dt^2} - 2\dfrac{dx}{dt} + 2x = e^t \cos t$;

    (4) $y'' + y = x\cos 2x$.

2. 求微分方程 $y'' - 5y' + 6y = 2x + 3$ 的特解.

3. 求微分方程 $y'' - 3y' + 2y = 2xe^x$ 的通解.

4. 求微分方程 $y'' - 2y' + y = \dfrac{e^x}{x}$ 的通解.

5. 设 $f(x)$ 为连续函数,且满足方程 $f(x) = e^{2x} - \int_0^x (x-t)f(t)\,dt$,求 $f(x)$.

第九节 欧拉方程

一、梳理主要内容

1. **欧拉方程**：形如 $x^n y^{(n)} + p_1 x^{n-1} y^{(n-1)} + \cdots + p_{n-1} x y' + p_n y = f(x)$ 的方程，其中 $p_1, p_2, \cdots, p_n$ 为常数.

2. **欧拉方程的求法**：令 $x = e^t$ 或 $t = \ln x$，记算子 $D = \dfrac{d}{dt}$，则有

   $xy' = Dy$,
   $x^2 y'' = D(D-1)y$,
   $x^3 y''' = D(D-1)(D-2)y$,
   $\cdots$
   $x^k y^{(k)} = D(D-1)\cdots(D-k+1)y$.

   代入欧拉方程，得一个以 t 为自变量的常系数线性微分方程，求出该方程的解后，再回代 $t = \ln x$，即可得原方程的解.

二、必做题型

1. 求欧拉方程 $x^2 y'' + x y' - 4y = x^3$ 的通解.

2. 求微分方程 $x y'' + y' = \ln x$ 的通解.

第七章 微分方程 测试题

1. 填空题:(每小空 2 分,共 10 分)

   (1) 设微分方程 $y'' + 2y' + ay = 0$ 的通解为 $y = (c_1 x + c_2)e^{-x}$,则常数 $a=$ _____.

   (2) 设微分方程 $y'' + py' + qy = f(x)$ 的通解是 $y = c_1 e^x + c_2 e^{-x} + \sin x$,则常数 $p=$ _____,常数 $q=$ _____,$f(x)=$ _____.

   (3) 已知 $y_1 = 1$、$y_2 = x$、$y_3 = x^2$ 是某二阶非齐次线性微分方程的三个特解,则该方程的通解为 _____.

2. 求解下列一阶微分方程:(每小题 7 分,共 28 分)

   (1) $x^2 y' = y + 1$;

   (2) $dx - (x\cos y + \sin 2y)dy = 0$,$y|_{x=-2} = 0$;

   (3) $\dfrac{dy}{dx} + \dfrac{y}{x} = \dfrac{\sin x}{x}$,$y|_{x=\pi} = 1$;

   (4) $(y^2 - 3x^2)dy + 2xy dx = 0$.

3. 求解下列二阶微分方程:(每小题 7 分,共 21 分)

   (1) $y'' = x + \sin x$;

   (2) $4y'' + 4y' + y = 0$;

   (3) $y'' - 3y' + 2y = 5$,$y|_{x=0} = 1$,$y'|_{x=0} = 2$.

4. 设函数 $f(x)$ 满足微分方程 $x^2 y'' - (y')^2 = 0$，曲线 $y = f(x)$ 过点 $(1, 0)$，且在此点与直线 $y = x - 1$ 相切，求 $f(x)$.（9 分）

5. 设可导函数 $f(x)$ 满足 $f(x)\cos x + 2\int_0^x f(t)\sin t\, dt = x + 1$，求 $f(x)$.（10 分）

6. 设函数 $f(x)$ 满足微分方程 $y'' + 4y' + 3y = 0$，且 $f(x)$ 在点 $x = 0$ 处取得极值 $f(0) = 2$，求 $f(x)$，并指出该极值是极小值还是极大值？（12 分）

7. 设 $y = e^{2x} + \left(x - \dfrac{1}{3}\right) e^x$ 是二阶常系数非齐次线性微分方程 $y'' + ay' + by = ce^x$ 的一个特解，求常数 a、b、c.（10 分）

高等数学(上)模拟测试题(一)

1. 求下列极限:(每小题5分,共10分)

   (1) $\lim\limits_{x \to +\infty} (\sqrt{x^2+x} - \sqrt{x^2-3x})$;

   (2) $\lim\limits_{x \to 0} \dfrac{\int_0^{\sin x} \sin 2t\, dt}{\int_0^{2x} \ln(1+t)\, dt}$.

2. 求下列积分:(每小题5分,共20分)

   (1) $\int \dfrac{e^x}{e^{2x}+4}\, dx$;

   (2) $\int x^2 \sin 2x\, dx$;

   (3) $\int_1^2 \dfrac{x}{\sqrt{x-1}}\, dx$;

   (4) $\int x f'(x)\, dx$, 已知 $f(x)$ 的一个原函数为 $\ln^2 x$.

3. 求解下列各题:(每小题5分,共20分)

   (1) 设 $x^2 \ln x + y^2 - 4 = 0$ 确定 $y = y(x)$, 求 $\dfrac{dy}{dx}\bigg|_{\substack{x=1 \\ y=2}}$;

   (2) 求 $\dfrac{d}{dx} \int_0^x \cos(x-t)^2\, dt$;

(3) 设 $y = \dfrac{\sqrt{3x+1} \cdot (3-2x)^4}{(2x+5)^3}$，求 $\dfrac{dy}{dx}$；

(4) 求曲线 $\begin{cases} x = \arctan t, \\ y = \ln\sqrt{1+t^2} \end{cases}$ 上，对应于 $t=1$ 点处的切线方程与法线方程.

4. 求微分方程 $xy' + 2y = x\ln x$ 满足初始条件 $y\big|_{x=1} = -\dfrac{1}{9}$ 的解. (10 分)

5. 曲线 $y = 3x^2$、直线 $x = 2$ 及 x 轴围成平面图形，

(1) 求该平面图形的面积；

(2) 求该平面图形分别绕 x 轴、y 轴旋转一周所得旋转体的体积 V_x、V_y. (10 分)

6. 证明：当 $x > 0$ 时，$\arctan x + \arctan \dfrac{1}{x} = \dfrac{\pi}{2}$. （10 分）

7. 证明：$\int_0^4 e^{x(4-x)} dx = 2\int_0^2 e^{x(4-x)} dx$. （10 分）

8. 设函数 $f(x)$ 在 $[0,1]$ 上连续，在 $(0,1)$ 内可导，且 $f(0) = f(1) = 0$，$f\left(\dfrac{1}{2}\right) = 1$，证明：在 $(0,1)$ 内至少存在一点 ξ，使得 $f'(\xi) = 1$. （10 分）

高等数学(上)模拟测试题(二)

1. 求下列极限:(每小题 5 分,共 10 分)

   (1) 设 $a_1 = 2$, $a_{n+1} = \dfrac{1}{2}\left(a_n + \dfrac{1}{a_n}\right)$, $n = 1, 2, \cdots$,证明数列 $\{a_n\}$ 收敛,并求 $\lim\limits_{n \to \infty} a_n$;

   (2) $\lim\limits_{x \to \infty} \left(\sin \dfrac{2}{x} + \cos \dfrac{1}{x}\right)^x$.

2. 求下列积分:(每小题 5 分,共 20 分)

   (1) $\displaystyle\int \dfrac{x}{\sqrt{2-3x^2}} \mathrm{d}x$;　　　　(2) $\displaystyle\int x \arctan x \, \mathrm{d}x$;

   (3) $\displaystyle\int_{-2}^{2} \dfrac{x + |x|}{2 + x^2} \mathrm{d}x$;　　　　(4) $\displaystyle\int_{0}^{\pi} x^2 |\cos x| \, \mathrm{d}x$.

3. 求解下列各题:(每小题 5 分,共 20 分)

(1) 设 $y = y(x)$ 是由方程 $\int_0^y e^t dt + \int_0^{3x} \cos t^2 dt = 0$ 确定的隐函数,求 $\dfrac{dy}{dx}$;

(2) 设 $y = y(x)$ 是由方程 $y^2 e^x + x\sin y - 1 = 0$ 确定的隐函数,求 dy;

(3) 设 $y = x^2 \sin 2x$,求 $y^{(n)}$;

(4) 求椭圆 $4x^2 + y^2 = 4$ 在点 $(0, 2)$ 处的曲率.

4. 设函数 $f(x) = \begin{cases} 3x, & x > 0, \\ a\ln(1-x) + b, & x \leq 0 \end{cases}$ 在点 $x = 0$ 处可导,求常数 a、b.(10 分)

5. 证明:当 $e < a < b < e^2$ 时,$\ln^2 b - \ln^2 a > \dfrac{4}{e^2}(b-a)$.(10 分)

6. 周长为 8 米的等腰三角形所围平面图形绕其底边旋转一周而成的旋转体,当腰和底边各为多少时,可使旋转体的体积最大?(10 分)

7. 设函数 $f(x)$ 连续,且 $f(x) = x^2 + \int_0^x f(t)\,dt$,求 $f(x)$.(10 分)

8. 设函数 $f(x)$ 在 $[a, b]$ 上连续且单调增加,证明:$(a+b)\int_a^b f(x)\,dx < 2\int_a^b xf(x)\,dx$.(10 分)

必做题型及测试题答案

（含讲解解题过程的视频）

（扫描二维码观看讲解解题过程的视频）

第一章

第一节

1. B. **2.** B. **3.** D. **4.** B. **5.** B. **6.** A. **7.** 2^{x-1}, $[3,+\infty)$, $[1,+\infty)$. **8.** 偶，偶，奇. **9.** (1) $(-a, b)$, $(a, -b)$. (2) $(6, 1)$. **10.** $[-2, +\infty)$, $(-\infty, 2]$, $[-1, 1] \cup [3, +\infty)$, $[-2, -1] \cup [1, 3]$, $3, 2$, 无. **11.** $f^{-1}(x) = \begin{cases} -\sqrt{x-1}, & x \geqslant 1, \\ \log_5 x, & 0 \leqslant x < 1. \end{cases}$ **12.** (1) 是. (2) 不是. **13.** (1) 单调增加. (2) 单调减少. **14.** 奇函数. **15.** (1) $y = \arcsin u$, $y = u^2$, $v = x^2 - 1$; (2) $y = \ln u$, $u = v^2$, $v = \ln w$, $w = s^3$, $s = \ln x$. **16.** (1) $[0, 1]$ (2) $[2k\pi, 2k\pi + \pi]$, $k = 0, \pm 1, \pm 2, \cdots$. (3) 若 $0 \leqslant a \leqslant \dfrac{1}{2}$, 定义域为 $[a, 1-a]$; 若 $a > \dfrac{1}{2}$, 定义域为空集. **17.** (1) $f[g(0)] = 0$, $f\left[g\left(\dfrac{\pi}{2}\right)\right] = \dfrac{1}{2}$; (2) $f[f(x)] = \dfrac{1-2x^4}{(x^2-1)^2}$, $f[f(2)] = -\dfrac{31}{9}$. **18.** $f[g(x)] = \begin{cases} 2, & x \leqslant 0, \\ x^6, & x > 0, \end{cases}$ 定义域为 $(-\infty, +\infty)$. (2) $g[f(x)] = \begin{cases} 2^3, & x \leqslant 0, \\ x^6, & x > 0, \end{cases}$ 定义域为 $(-\infty, +\infty)$. **19.** $A = \dfrac{9}{2} - \dfrac{1}{2}x^2 - \dfrac{1}{8}\pi x^2$.

第二节

1. 略. **2.** (1) 不正确. (2) 不正确. (3) 正确. (4) 正确. (5) 不正确. (6) 不正确. (7) 不正确. **3—4.** 略. **5.** (1) 5. (2) 0. (3) 0. (4) 0. (5) 0. (6) 1. (7) 1. (8) 2.

第三节

1. (1) 不正确. (2) 不正确. (3) 不正确. (4) 不正确. (5) 不正确. (6) 不正确. **2.** **3.** 不存在. **4.** $\lim_{x \to 0} f(x)$ 不存在, $\lim_{x \to 1} f(x) = 1$, $\lim_{x \to -1} f(x) = 0$. **5.** (1) 1. (2) 2. (3) 0. (4) 1. (5) 0. (6) 0. **6.** 略.

第四节

1. (1) 不正确. (2) 正确. (3) 不正确. (4) 不正确. (5) 正确. (6) 不正确. (7) 不正确. (8) 正确. (9) 不正确. **2.** (1) 无水平渐近线, 无铅直渐近线; (2) 无水平渐近线, $x = 0$ 是铅直渐近线; (3) $y = 0$ 是水平渐近线, $x = 2$ 是铅直渐近线; (4) $y = 1$ 是水平渐近线, $x = 0$ 是铅直渐近线.

第五节

1. (1) 正确. (2) 正确. (3) 不正确. (4) 不正确. **2.** (1) 2; (2) $\dfrac{4}{5}$; (3) $\dfrac{\sqrt{6}}{6}$; (4) 0; (5) 0; (6) 1; (7) $\dfrac{3^{30}}{2^{30}}$; (8) $\dfrac{1}{2}$. **3.** (1) $a = 1, b = -1$; (2) $a = 8, b = -20$.

第六节

1. (1) 0; (2) 1; (3) 0; (4) $\dfrac{1}{e}$; (5) 0; (6) $\dfrac{1}{e}$; (7) $\dfrac{1}{e}$. **2.** (1) $e^{\frac{4}{3}}$; (2) 1; (3) $\dfrac{1}{2}$; (4) 1; (5) $\dfrac{3}{2}$; (6) $\dfrac{1}{2}$; (7) e; (8) 0; (9) 1. **3.** 2.

第七节

1. (1) 不正确； (2) 不正确． **2.** 二． **3.** (1) $-\dfrac{1}{2}$； (2) $\dfrac{1}{4}$； (3) $\begin{cases} 0, & m < n, \\ 1, & m = n, \\ \infty, & m > n. \end{cases}$ **4.** 6．

第八节

1. (1) 正确； (2) 不正确． **2.** 0． **3.** $x=1$ 是第一类间断点或可去间断点，$x=2$ 是第二类间断点或无穷间断点． **4.** $x=1$ 是第一类间断点或跳跃间断点，$x=0$ 是第二类间断点或无穷间断点．

第九节

1. (1) α； (2) $\ln\alpha$； (3) α． **2.** (1) 正确； (2) 不正确； (3) 正确； (4) 不正确； (5) 不正确； (6) 不正确． **3.** (1) 1； (2) 1； (3) 1； (4) 1． **4.** $(-2,0)\cup(0,2)$． **5.** $f[g(x)]$ 在 $(-\infty,1)\cup(1,+\infty)$ 内连续．

第十节

1. 能，证明略． **2—5.** 证明略．

测试题一

1. (1) $a=-2$． (2) $\alpha=2$． (3) $y=\dfrac{1}{e}$，$x=1$． **2.** (1) 0； (2) 5； (3) $\dfrac{1}{e^{\frac{3}{2}}}$； (4) $\dfrac{1}{e^3}$； (5) 1．

3. (1) 在 $(-\infty,+\infty)$ 内连续； (2) 在 $(-\infty,0)\cup(0,+\infty)$ 内连续． **4.** (1) $x=0$ 是第一类间断点或可去间断点，$x=k\pi+\dfrac{\pi}{2}(k=0,\pm1,\pm2,\cdots)$ 是第二类间断点或无穷间断点； (2) $x=0$ 是第一类间断点或跳跃间断点，$x=1$ 是第二类间断点或无穷间断点． **5.** $a=1$、$b=2$． **6.** $a=1$、$b=-\dfrac{1}{2}$． **7.** 3． **8.** 证明略．

第二章

第一节

1. (1) 不正确． (2) 不正确． **2.** (1) $-f'(x_0)$． (2) k． (3) -2． **3.** $a=e^2$、$b=-e^2$． **4.** $1+\dfrac{\pi}{4}$．

5. $f'(x)=\begin{cases} \cos x, & x<0, \\ 2x, & x>0. \end{cases}$ **6.** 切线方程 $y-4=4(x-2)$；法线方程 $y-4=-\dfrac{1}{4}(x-2)$． **7—9.** 证明略．

第二节

1. (1) 正确． (2) 不正确． (3) 不正确． (4) 不正确． **2.** $-99!$． **3.** (1) $\arcsin\dfrac{1}{\sqrt{x}}-\dfrac{1}{2\sqrt{x-1}}-\dfrac{\sin\ln x}{x}$； (2) $\dfrac{(1+2\sqrt{x})+4\sqrt{x}\sqrt{x+\sqrt{x}}}{8\sqrt{x}\sqrt{x+\sqrt{x}}\sqrt{x+\sqrt{x+\sqrt{x}}}}$； (3) $-2^{\tan\frac{1}{x}}\dfrac{\ln 2}{x^2}\sec^2\dfrac{1}{x}$； (4) $\dfrac{x}{x^2+1}-\dfrac{1}{3(x-2)}$；

(5) $\dfrac{1}{(1+x^2)\operatorname{arccot}\dfrac{1}{x}}$； (6) $2x\cos x^2 e^{\sin x^2}\arctan\sqrt{x^2-1}+\dfrac{e^{\sin x^2}}{x\sqrt{x^2-1}}$； (7) $a^x x^{a-1}+a(\ln a)x^{a-1}a^x+$

$(\ln a)^2 a^x a^{a^x}$． **4.** 略． **5.** (1) $2f\left(\sin\dfrac{1}{x}\right)f'\left(\sin\dfrac{1}{x}\right)\cos\dfrac{1}{x}\left(-\dfrac{1}{x^2}\right)$； (2) $2f'(\ln\cos e^{2x})(-\tan e^{2x})e^{2x}$；

(3) $f'\{f[f(x)]\}f'[f(x)]f'(x)$． **6.** $\dfrac{e}{4}$．

第三节

1. (1) $(-1)^n \cdot 2 \cdot n!(1+x)^{-(1+n)}$，$x\neq-1$； (2) $n!(1-x)^{-(1+n)}$，$x\neq 1$，$n>2$； (3) $4^{n-1}\cos\left(4x+\dfrac{n\pi}{2}\right)$．

2. $n!\cos 2$. **3.** 2. **4.** $n![f(x)]^{n+1}$. **5.** 证明略.

第四节

1. $\dfrac{x\sqrt{x^2+y^2}+y}{x-y\sqrt{x^2+y^2}}$. **2.** $\dfrac{1}{2}$. **3.** $y=x-a\left(\dfrac{\pi}{2}-2\right)$. **4.** $\dfrac{e}{2}$. **5.** (1) $(\tan x)^{\sin x}(\cos x\cdot\ln\tan x+\sec x)$;

(2) $\sqrt{e^{\frac{1}{x}}\sqrt{x\sqrt{\cos x}}}\left(-\dfrac{1}{2x^2}+\dfrac{1}{4x}-\dfrac{\tan x}{8}\right)$; (3) $(\tan x)^{\sin x}(\cos x\cdot\ln\tan x+\sec x)+$

$\sqrt{e^{\frac{1}{x}}\sqrt{x\sqrt{\cos x}}}\left(-\dfrac{1}{2x^2}+\dfrac{1}{4x}-\dfrac{\tan x}{8}\right)$. **6.** $\dfrac{f''(x+y)}{[1-f'(x+y)]^3}$. **7.** $\dfrac{1+t^2}{4t},\dfrac{t^4-1}{8t^3}$.

第五节

1. (1) $\dfrac{x^2(3\ln x-1)}{(\ln x)^2}dx$; (2) $-\dfrac{1}{x^2}\cot\dfrac{1}{x}dx$; (3) $\dfrac{2xe^{x^2}}{1+e^{x^2}}dx$; (4) $\dfrac{-\dfrac{1}{x^2}\sin\dfrac{2}{x}}{\sqrt{1-\sin^4\dfrac{1}{x}}}dx$. **2.** 3.0049.

3. $\dfrac{2+y\sin(xy)}{e^{-y}-x\sin(xy)}dx, 0.2$.

测试题二

1. (1) $-5A$. (2) $y=2x, y=-\dfrac{1}{2}x$. (3) 4. **2.** 2019!. **3.** (1) $\arcsin\dfrac{x}{2}+\dfrac{x}{\sqrt{4-x^2}}-\dfrac{x}{\sqrt{9-x^2}}$.

(2) $\dfrac{3}{4}$. (3) $-2\sin[f(x^2)]f'(x^2)-(2x)^2\cos[f(x^2)][f'(x^2)]^2-(2x)^2\sin[f(x^2)]f''(x^2)$. (4) e.

(5) $(1+\sin x)^x\left[\ln(1+\sin x)+\dfrac{x\cos x}{1+\sin x}\right]dx$. (6) $\dfrac{1}{(1+t)(1+2t)}, -\dfrac{4t+3}{[(1+t)(1+2t)]^2(2+2t)}$.

(7) $\dfrac{100!}{97}$. **4.** $f'(x)=\begin{cases}\dfrac{1}{1+x}, & x>0, \\ e^{\sin x}\cos x, & x<0.\end{cases}$ **5.** $a=2、b=-1$. **6.** 连续不可导. **7.** 证明略.

第三章

第一节

1—7. 证明略. **8.** (1) $\dfrac{1}{2}$; (2) $\dfrac{1}{12}$; (3) $\dfrac{1}{3}$. **9—10.** 证明略.

第二节

1. (1) 不正确. (2) 不正确. **2.** (1) 1; (2) $\dfrac{e}{2}$; (3) 0; (4) $+\infty$; (5) $\dfrac{1}{e}$; (6) $-\dfrac{1}{4}$; (7) 0;

(8) 1; (9) $\sqrt[n]{a_1a_2\cdots a_n}$. **3.** $a=-3、b=\dfrac{9}{2}$. **4.** 证明略.

第三节

1. C. **2.** 单调增加区间$(-\infty,0]\cup\left[\dfrac{2}{5},+\infty\right)$;单调减少区间$\left[0,\dfrac{2}{5}\right]$. **3—5.** 证明略.

第四节

1. 极小值点. **2.** A. **3.** D. **4.** C. **5.** D. **6.** $a=2$,极大值$\sqrt{3}$. **7.** (1) 极大值$f\left(-\dfrac{1}{3}\right)=\dfrac{2}{9}$,极小值

$f(1) = 0$; (2) 最大值 3,最小值 0. **8**. 12%. **9**. $M(n) = \left(\dfrac{n}{n+1}\right)^{n+1}, \dfrac{1}{e}$. **10**. 证明略. **11**. $a > \dfrac{1}{e}$ 时,无实根;$a = \dfrac{1}{e}$ 时,有唯一实根 $x = 1$;$a < \dfrac{1}{e}$ 时,有两个实根 $x_1 \in (0, 1)$、$x_2 \in (1, +\infty)$.

第五节

1. B. **2**. A. **3**. (1) 凹区间 $(-1, 1)$;凸区间 $(-\infty, -1] \cup [1, +\infty)$;拐点 $(-1, \ln 2)$ 与 $(1, \ln 2)$; (2) 凹区间 $(-\infty, 2)$;凸区间 $(2, +\infty)$;拐点 $(2, 1)$. **4**. 证明略.

第六节

1. (1) $\dfrac{1}{5}$. (2) $y = x + \dfrac{3}{2}$. **2**. (1) D. (2) C. **3**. 略.

第七节

1. $ds = \sqrt{(dx)^2 + (dy)^2} = \sqrt{[\varphi'(t)]^2 + [\phi'(t)]^2} dt$. **2**. $(x-3)^2 + (y+2)^2 = 8$. **3**. $a>b$ 时,点 $(a, 0)$ 与点 $(-a, 0)$ 处曲率取最大值;$a<b$ 时,点 $(0, b)$ 与点 $(0, -b)$ 处曲率取最大值. **4**. 点 $\left(\dfrac{\pi}{2}, 1\right)$ 处曲率半径取最小值 1.

测试题三

1. (1) $a = 2$; (2) $b = -\dfrac{3}{2}, c = \dfrac{9}{2}$; (3) $k = \dfrac{4\sqrt{5}}{25}$. **2**. (1) $\dfrac{1}{2}$; (2) 1; (3) $e^{-\frac{2}{\pi}}$; (4) $\dfrac{3}{2}$. **3**. 单调增加区间 $(-\infty, 0] \cup [1, +\infty)$;单调减少区间 $[0, 1]$;极大值 $f(0) = 0$,极小值;凹区间 $\left[\dfrac{1}{2}, +\infty\right)$;凸区间 $\left(-\infty, \dfrac{1}{2}\right]$;拐点 $\left(\dfrac{1}{2}, -\dfrac{1}{2}\right)$. **4**. $a = -\dfrac{2}{3}, b = -\dfrac{1}{6}$;$x = 1$ 处取得极小值,$x = 2$ 处取得极大值. **5—8**. 证明略.

第四章

第一节

1. (1) $f\left(\dfrac{1}{x}\right) dx$; (2) $\cos \dfrac{x}{2}$. **2**. B. **3**. (1) $\dfrac{4^x}{\ln 4} - 2 \dfrac{6^x}{\ln 6} + \dfrac{9^x}{\ln 9} + C$; (2) $-\dfrac{\cot x}{2} + \dfrac{\csc x}{2} + C$; (3) $\tan x - \cot x + C$; (4) $\arctan x - \dfrac{1}{x} + C$; (5) $\dfrac{(2e)^x}{\ln(2e)} - 3 \dfrac{3^x}{\ln 2} + C$; (6) $2\sqrt{x} - 5\arctan x - 3\dfrac{1}{x} - 2\arcsin x + 6x + C$. **4**. 证明略. **5**. $a = -\dfrac{1}{2}, b = \dfrac{1}{2}$.

第二节

1. (1) 成立. (2) 成立. (3) 不成立. **2**. C. **3**. (1) $-2\cos(\sqrt{x} + 1) + C$; (2) $2\arctan \sqrt{x} + C$; (3) $-\dfrac{1}{\arcsin x} + C$; (4) $\dfrac{1}{5} \ln(5\ln x + 2) + C$; (5) $\arcsin(2x - 1) + C$; (6) $2\sqrt{\tan x} + C$; (7) $-\cos x + \dfrac{1}{3}\cos^3 x + C$; (8) $\dfrac{1}{2} \ln(x^2 + 2x + 3) - \dfrac{3\sqrt{2}}{4} \arctan \dfrac{x+1}{\sqrt{2}} + C$; (9) $-\dfrac{1}{3} \sqrt{2 - 3x^2} + C$; (10) $x - \ln(e^x + 1) + C$.

第三节

1. (1) $\dfrac{1}{6}(2x+1)^{\frac{3}{2}} + \dfrac{3}{2}(2x+1)^{\frac{1}{2}} + C$; (2) $\ln \dfrac{\sqrt{e^x + 1} - 1}{\sqrt{e^x + 1} + 1} + C$; (3) $2\ln \dfrac{x}{2 + \sqrt{4 - x^2}} + \sqrt{4 - x^2} +$

C；(4) $\dfrac{x}{\sqrt{1+x^2}} + C$；(5) $\arccos\dfrac{1}{|x|} + C$；(6) $-\dfrac{1}{10}\ln\left(1+\dfrac{1}{x^{10}}\right) + C$. 2. $x = \tan t$ 或 $x^2 = t$.

第四节

1. (1) $x\ln x - x + C$；(2) $x\arctan x - \dfrac{1}{2}\ln(1+x^2) + C$；(3) $\dfrac{1}{2}x^2\arctan x - \dfrac{1}{2}x + \dfrac{1}{2}\arctan x + C$；

(4) $\dfrac{1}{3}x^3\ln x - \dfrac{1}{9}x^3 + C$；(5) $\tan x\ln\cos x + \tan x - x + C$；(6) $\dfrac{1}{2}x\sqrt{x^2+a^2} + \dfrac{1}{2}a^2\ln(x+\sqrt{x^2+a^2}) + C$；

(7) $2\sqrt{x}\ln(1+x) - 4\sqrt{x} + 4\arctan\sqrt{x} + C$；(8) $-\dfrac{3}{13}e^{2x}\cos 3x + \dfrac{2}{13}e^{2x}\sin 3x + C$. 2. $\cos x - \dfrac{2\sin x}{x} + C$. 3. $\dfrac{1}{2}xe^x + \dfrac{1}{2}e^x + x + C$. 4. $\dfrac{x}{2}[\cos(\ln x) + \sin(\ln x)] + C$. 5. 当 $n > 1$ 时，$I_n = \dfrac{x}{2(n-1)a^2(x^2+a^2)^{n-1}} + \dfrac{2n-3}{2(n-1)a^2}I_{n-1}$，当 $n = 1$ 时，$I_1 = \dfrac{1}{a}\arctan\dfrac{x}{a} + C$.

第五节

(1) $-\dfrac{3}{2}\ln|x| + \dfrac{5}{3}\ln|x-1| - \dfrac{1}{6}\ln|x+2| + C$；(2) $-\dfrac{1}{6}(1-x^2)^{-3} + \dfrac{1}{8}(1-x^2)^{-4} + C$；

(3) $\dfrac{3}{2}(\sqrt[3]{x+1} - 1)^2 + 3\ln|\sqrt[3]{x+1} + 1| + C$；(4) $6\sqrt[6]{x} - 6\arctan\sqrt[6]{x} + C$；(5) $\dfrac{2}{\sqrt{3}}\arctan\dfrac{\tan\dfrac{x}{2}}{\sqrt{3}} + C$；

(6) $\dfrac{1}{4}\ln\left|\dfrac{x-1}{x+1}\right| - \dfrac{1}{2}\arctan x + C$；(7) $\sec x - \tan x + x + C$；(8) $-\dfrac{1}{4}\ln|\cos 2x| - \dfrac{1}{4}\ln|\sec 2x + \tan 2x| + \dfrac{x}{2} + C$；(9) $-2\sqrt{\dfrac{1+x}{x}} - \ln\left|\dfrac{\sqrt{\dfrac{1+x}{x}} - 1}{\sqrt{\dfrac{1+x}{x}} + 1}\right| + C$.

测试题四

1. (1) $\dfrac{1}{x}$；(2) $-\dfrac{1}{2}F(-2x+3) + C$；(3) $\cos x - \dfrac{2\sin x}{x} + C$；(4) $\dfrac{1}{2}\ln(2\ln x + 1) + 1$. 2. (1) $\ln|x| - \dfrac{1}{2}\ln(1+x^2) + C$；(2) $\arctan e^x + C$；(3) $-\dfrac{1}{6}\ln\left|\dfrac{2}{x} + \sqrt{\dfrac{4}{x^2} - 1}\right| + C$；(4) $\dfrac{x|x|}{2} + 2x + C$；

(5) $x\ln(4+x^2) - 2x + 4\arctan\dfrac{x}{2} + C$；(6) $\dfrac{e^x\sin x}{1+\cos x} + C$；(7) $-e^{-x}\ln(e^x+1) + x - \ln(e^x+1) + C$；

(8) $\dfrac{e^x}{1+x} + C$. 3. $y = x^4 - 7$. 4. $3e^{\frac{1+x}{3}} + C$. 5. $\dfrac{1}{2}(\arcsin x)^2 - \dfrac{1}{2}\ln(1-x^2) + C$.

第五章

第一节

1. (1) 正确. (2) 不正确. (3) 正确. (4) 不正确. 2. $e-1$. 3. (1) $\dfrac{b^2-a^2}{2}$；(2) $\dfrac{\pi}{4}$.

4. (1) $\int_0^1 \dfrac{1}{1+x}dx$；(2) $\int_0^1 x^p dx$. 5. $x-1$.

第二节

1. (1) $\int_0^1 \sqrt[3]{x^p}\,dx > \int_0^1 x^3\,dx$；(2) $\int_1^2 \ln x\,dx > \int_1^2 (\ln x)^2\,dx$；(3) $\int_0^1 e^x\,dx > \int_0^1 (1+x)\,dx$. 2. $\dfrac{\pi}{9} \leq \int_{\frac{1}{\sqrt{3}}}^{\sqrt{3}} x\arctan x\,dx \leq$

$\frac{2\pi}{3}$.　**3**.　$\frac{gT}{2}$.　**4**.　证明略.

第三节

1.（1）正确.　（2）不正确.　（3）正确.　**2**.（1）$2x\sin\sqrt{1+x^4}$；（2）$\frac{1}{x}f(\ln x)+\frac{1}{x^2}f\left(\frac{1}{x}\right)$.　**3**.　$-e^y\cos x$.

4.　不存在.　**5**.　$\begin{cases}\int_0^x 2t\,dt,\ 0\leq x\leq 1,\\ \int_0^1 2t\,dt+\int_1^x t^2\,dt,\ 1<x\leq 2.\end{cases}$　**6**.　证明略.

第四节

1.（1）$\frac{7\pi}{12}$；（2）$-\ln 2$；（3）2；（4）$e^3-\frac{1}{2}$.　**2**.　$\frac{1}{2}gT^2$.　**3**.　$\frac{2}{\pi}$.　**4**.　$x^2-\frac{4}{3}x+\frac{2}{3}$.

第五节

1.（1）$\frac{2}{3}$；（2）$\frac{1}{6}$；（3）0；（4）$\sqrt{2}$；（5）0；（6）40；（7）$\frac{\pi}{2}a^3$.　**2**.（1）$\sin^{100}x$；（2）$f(x)-f(0)$.

第六节

1.（1）$2-\frac{2}{e}$；（2）$\frac{\pi}{12}+\frac{\sqrt{3}}{2}-1$；（3）$\frac{35\pi}{64}$；（4）$-\frac{\sqrt{3}\pi}{6}+1$；（5）2.　**2**.　2.　**3**.　$\frac{\cos 1-1}{2}$.

4.　证明略.

第七节

1.（1）发散；（2）收敛于 π.　**2**.（1）$\frac{\pi}{2}$；（2）$\ln 2+\sqrt{3}$.

测试题五

1.（1）$x\cos x^2-2x\cos x^4$；（2）$2x-\frac{3}{4},\frac{1}{4}$；（3）1.　**2**.（1）2；（2）$\frac{\pi^2}{4}$；（3）$\frac{\pi}{4}$.　**3**.（1）2；

（2）$1-\frac{\pi}{4}$；（3）$\frac{\pi}{4}-\frac{\sqrt{3}\pi}{9}+\frac{1}{2}\ln\frac{3}{2}$；（4）$-\frac{1}{5}\left(e^{\frac{\pi}{2}}+1\right)$；（5）$\frac{\pi}{2}$；（6）发散.

4.　$\begin{cases}e-e^{-x},\ x<0,\\ e-1+\frac{1}{2}x^2,\ x\geq 0.\end{cases}$　**5**.　$e+\frac{1}{3}$.　**6**.　证明略.

第六章

第一节

1.　U 是与某自变量 x 的变化区间 $[a,b]$ 有关的量；U 对区间 $[a,b]$ 具有可加性；$\Delta U_i\approx f(\xi_i)\Delta x_i$，且 $\Delta U_i-f(\xi_i)\Delta x_i=o(\Delta x_i)$.　**2**.　确定积分变量 x，积分区间 $[a,b]$；在 $[a,b]$ 上任取一个小区间 $[x,x+dx]$，写出微元 $dU=f(x)dx$；$U=\int_a^b dU=\int_a^b f(x)dx$；计算 $\int_a^b f(x)dx$ 得量 U.

第二节

1.　$\frac{9}{4}$.　**2**.　$3\pi a^2$.　**3**.　$\frac{5}{4}\pi a^2-2a^2$.　**4**.　$\frac{5}{4}\pi$.　**5**.　$4\pi^2 ab$.　**6**.　$\frac{12}{5}\pi a^2$.

第三节

1.　$V_x=\frac{44}{15}\pi$，$V_y=\left(\frac{4}{3}\sqrt{2}-\frac{7}{6}\right)\pi$.　**2**.　$V_x=5\pi^2 a^3$，$V_y=6\pi^3 a^3$.　**3**.　$2b\pi^2 R^2$.

第四节

1. 4. 2. $6a$. 3. $\pi a\sqrt{1+4\pi^2}+\dfrac{a}{2}\ln(2\pi+\sqrt{1+4\pi^2})$.

第五节

1. 约 823.2 kN. 2. 约 473 119.5 kJ. 3. 力的大小等于 $\dfrac{GmM}{a(a+L)}$,方向与 x 轴的正向相同.

测试题六

1. (1) $\dfrac{1}{6}$. (2) $S_2 < S_3 < S_1$. (3) 1. (4) $\dfrac{1}{2}-\dfrac{3}{2e^2}$. 2. $\dfrac{1}{3}$. 3. $\dfrac{9}{4}$. 4. $\dfrac{\pi}{6}$. 5. $\dfrac{37}{12}$. 6. $V_x=\dfrac{\pi^2}{2}$, $V_y=2\pi^2$. 7. $7\sqrt{7}$. 8. $8a$. 9. $4\pi^2$. 10. $a=-\dfrac{5}{3}$, $b=2$, $c=0$.

第七章

第一节

1. (1) 一阶,线性；(2) 二阶,非线性；(3) 三阶,线性；(4) 四阶,线性. 2. $y=C_1 e^x+C_2 e^{-x}$, C_1、C_2 为任意常数. 3. $y=A\cos x$. 4. $y''+9y=0$.

第二节

1. (1) 是；(2) 不是；(3) 是；(4) 是；(5) 不是；(6) 不是. 2. (1) $10^{-y}+10^x=C$, C 为任意常数；(2) $(e^x+1)(e^y-1)=C$, C 为任意常数；(3) $y=e^{Cx}$, C 为任意常数；(4) $y=C\sqrt[4]{\dfrac{x}{x-4}}$, C 为任意常数；(5) $e^x+1=C\cos y$, C 为任意常数. 3. $y=\dfrac{1}{\sqrt{1+x^2}}$.

第三节

1. (1) 是；(2) 是；(3) 是；(4) 不是. 2. (1) $\arctan\dfrac{y}{x}=\ln\sqrt{x^2+y^2}+C$, C 为任意常数；(2) $\dfrac{y}{x}=e^{Cx+1}$, C 为任意常数；(3) $\dfrac{y}{x}-\ln\dfrac{y}{x}=\ln x+C$, C 为任意常数. 3. $\arctan\dfrac{2y}{x-1}=-\ln[(x-1)^2+4y^2]+C$, C 为任意常数.

第四节

1. (1) 伯努利方程；(2) 伯努利方程；(3) 线性方程；(4) 线性方程. 2. (1) $y=2+Ce^{-x^2}$, C 为任意常数；(2) $x=-\dfrac{2}{3}ye^{-3y}+C$, C 为任意常数；(3) $x=\dfrac{1}{2}y^2+Cy^3$, C 为任意常数；(4) $x=\dfrac{1}{2}y^3+Cy$, C 为任意常数. 3. $y=\dfrac{1}{5}x^3+\sqrt{x}$. 4. $y'+y=2e^x$. 5. e^x.

第五节

1. (1) 可降阶的微分方程；(2) 可降阶的微分方程；(3) 线性微分方程、可降阶的微分方程. 2. $y=x\ln x-2x+C_1\ln x+C_2$, C_1、C_2 为任意常数. 3. $y=\tan x$. 4. $(y')^2-yy''=0$.

第六节

1. (1) 二阶,线性；(2) 二阶,非线性；(3) 二阶,线性；(4) 二阶,非线性. 2. D. 3. e^{2x}.

第七节

1. (1) $y=C_1 e^x+C_2 e^{3x}$, C_1、C_2 为任意常数；(2) $y=C_1 e^{2x}+C_2 xe^{2x}$, C_1、C_2 为任意常数；(3) $y=C_1 e^{-x}\cos x+C_2 e^{-x}\sin x$, C_1、C_2 为任意常数；(4) $y=C_1+C_2 e^x+C_3 e^{-2x}$, C_1、C_2、C_3 为任意常数. 2. B. 3. $y=C_1 e^x+C_2 xe^x+C_3 x^2 e^x+C_4\cos x+C_5\sin x+C_6 x\cos x+C_7 x\sin x$, C_1、C_2、C_3、C_4、C_5、C_6、C_7 为任意常数；C.

第八节

1. (1) $y^* = Axe^{-2x}$, A 为待定常数；(2) $y^* = Ae^x\cos x + Be^x\sin x$, A、B 为待定常数；(3) $x^* = te^t(A\cos t + B\sin t)$, A、B 为待定常数；(4) $y^* = (Ax+B)\cos 2x + (Cx+D)\sin 2x$, A、B、C、D 为待定常数. **2.** $y^* = \frac{1}{3}x + \frac{7}{9}$. **3.** $y = C_1 e^x + C_2 e^{2x} + (-2x - x^2)e^x$, C_1、C_2 为任意常数. **4.** $y = C_1 e^x + C_2 xe^x + (-x + x\ln x)e^x$, C_1、C_2 为任意常数. **5.** $\frac{1}{5}\cos x + \frac{2}{5}\sin x + \frac{4}{5}e^{2x}$.

第九节

1. $y = C_1 x^2 + \frac{C_2}{x^2} + \frac{1}{5}x^3$, C_1、C_2 为任意常数. **2.** $y = C_1 \ln x + C_2 + (-2x + x\ln x)$, C_1、C_2 为任意常数.

测试题七

1. (1) 1. (2) $0, -1, -2\sin x$. (3) $y = C_1(x-1) + C_2(x^2-1) + 1$, C_1、C_2 为任意常数. **2.** (1) $y = Ce^{-\frac{1}{x}} - 1$, C 为任意常数；(2) $x = -2(1+\sin y)$；(3) $y = \frac{\pi - 1 - \cos x}{x}$；(4) $\left(\frac{y}{x}\right)^2 - 1 = Cx\left(\frac{y}{x}\right)^3$, C 为任意常数. **3.** (1) $y = \frac{1}{6}x^3 - \sin x + C_1 x + C_2$, C_1、C_2 为任意常数；(2) $y = C_1 e^{-\frac{1}{2}x} + C_2 xe^{-\frac{1}{2}x}$, C_1、C_2 为任意常数；(3) $y = -5e^x + \frac{7}{2}e^{2x} + \frac{5}{2}$. **4.** $\frac{x^2-1}{2}$. **5.** $\sin x + \cos x$. **6.** $3e^{-x} - 3e^{-3x}$, 极大值. **7.** $a = 3$、$b = 2$、$c = -1$.

高等数学(上)模拟测试题(一)

1. (1) 2；(2) $\frac{1}{2}$. **2.** (1) $\frac{1}{2}\arctan\frac{e^x}{2} + C$, C 为任意常数；(2) $y = -\frac{1}{2}x^2\cos 2x + \frac{1}{2}x\sin 2x + \frac{1}{4}\cos 2x + C$, C 为任意常数；(3) $\frac{8}{3}$；(4) $2\ln x - \ln^2 x + C$, C 为任意常数. **3.** (1) $-\frac{1}{4}$；(2) $\cos x^2$；(3) $\frac{\sqrt{3x+1}(3-2x^2)^4}{(2x+5)^3}\left(\frac{3}{6x+2} - \frac{8}{3-2x} - \frac{6}{2x+5}\right)$；(4) 切线方程：$y - \frac{1}{2}\ln 2 = x - \frac{\pi}{4}$；法线方程：$y - \frac{1}{2}\ln 2 = -\left(x - \frac{\pi}{4}\right)$. **4.** $y = \frac{x^3}{3}\ln x - \frac{x^3}{9}$. **5.** (1) 8；(2) $V_x = \frac{288}{5}\pi$, $V_y = 24\pi$. **6—8.** 证明略.

高等数学(上)模拟测试题(二)

1. (1) 证明略，1；(2) e^2. **2.** (1) $-\frac{1}{3}\sqrt{2-3x^2} + C$, C 为任意常数；(2) $\frac{1}{2}x^2\arctan x - \frac{1}{2}x + \frac{1}{2}\arctan x + C$, C 为任意常数；(3) $\ln 3$；(4) $\frac{\pi^2}{2} + 2\pi - 4$. **3.** (1) $\frac{-3\cos 9x^2}{e^y}$；(2) $-\frac{y^2 e^x + \sin y}{2ye^x + x\cos y}dx$；(3) $2^n\left[x^2\sin\left(2x + \frac{n}{2}\pi\right) + nx\sin\left(2x + \frac{n-1}{2}\pi\right) + \frac{n(n-1)}{4}\sin\left(2x + \frac{n-2}{2}\pi\right)\right]$；(4) 2. **4.** $a = -3$、$b = 0$. **5.** 证明略. **6.** 底边长为2，腰为3时，最大体积为 $\frac{16\pi}{3}$. **7.** $-2(x+1) + 2e^x$. **8.** 证明略.